Amitkumar Bhalchandra

Fundamentos da cinética química

Amitkumar Bhalchandra

Fundamentos da cinética química

ScienciaScripts

Imprint

Any brand names and product names mentioned in this book are subject to trademark, brand or patent protection and are trademarks or registered trademarks of their respective holders. The use of brand names, product names, common names, trade names, product descriptions etc. even without a particular marking in this work is in no way to be construed to mean that such names may be regarded as unrestricted in respect of trademark and brand protection legislation and could thus be used by anyone.

Cover image: www.ingimage.com

This book is a translation from the original published under ISBN 978-620-7-64176-5.

Publisher:
Sciencia Scripts
is a trademark of
Dodo Books Indian Ocean Ltd. and OmniScriptum S.R.L publishing group

120 High Road, East Finchley, London, N2 9ED, United Kingdom
Str. Armeneasca 28/1, office 1, Chisinau MD-2012, Republic of Moldova, Europe
Printed at: see last page
ISBN: 978-620-7-62610-6

Fundamentos da cinética química

Por

Amitkumar B Dholakia

Escola Superior de Ciências

Universidade Tribal de Birsa Munda

Rajpipla

1

ÍNDICE

Cinética química

A cinética química é um ramo da físico-química que se ocupa do estudo das reacções e dos seus mecanismos. A termodinâmica fala-nos da viabilidade das reacções, enquanto a cinética química fala da velocidade das reacções.

As reacções químicas podem ser divididas em três partes, ou seja, reacções muito lentas (decaimento radioativo), reacções lentas (corrosão de metais) e reacções rápidas (reacções de ácidos e bases fortes).

Capítulo 1 - Introdução

❖ **Factores que afectam a velocidade das reacções :**

Há cinco factores que influenciam a velocidade das reacções químicas

(a) O estado da substância e a área da superfície:

Se o reagente estiver na forma de pó em vez de bloco sólido, a velocidade de reação é mais rápida.

A área de superfície de contacto aumenta ao mudar para a forma de pó, pelo que a reação se torna rápida.

Por exemplo, o pó de ferro em vez de um pedaço de ferro é um catalisador melhor, pelo que a reação se torna mais rápida.

A área da superfície aumenta ao mudar para a forma de pó.

(b) concentração da solução:

Se a reação ocorrer no estado de solução, a velocidade da reação direta aumenta com o aumento da concentração dos reagentes.

Para efeitos práticos, é aconselhável manter uma concentração mais elevada de reagentes.

O princípio de Le-chatelier torna-o evidente.

Na indústria, o reagente que é mais barato é utilizado em maior proporção.

A estequiometria desempenha um papel importante.

(c) Temperatura do sistema:

Geralmente, se a temperatura for aumentada, a taxa de reação aumenta porque a energia cinética e a colisão das moléculas aumentam com o aumento da temperatura, o que se torna útil para aumentar a taxa.

Na fase de equilíbrio, o aumento da temperatura é vantajoso para uma reação endotérmica, enquanto que para uma reação exotérmica, a diminuição da temperatura é vantajosa.

A razão para isso é que o calor reage como reagente ou produto.

(d) Pressão do sistema:

Se a reação estiver em fase ou estado gasoso, então a velocidade da reação aumentará ou diminuirá com a alteração da pressão.

O aumento da pressão resultará num aumento ou diminuição da velocidade, dependendo da natureza do reagente e da estequiometria.

Como estudado no equilíbrio químico, o aumento da pressão em certas reacções diminui a velocidade, enquanto que em certas reacções a diminuição da pressão aumenta a velocidade.

É necessário notar que, para uma reação gasosa, a pressão é considerada como concentração de gás. Porque a pressão e a concentração estão ambas associadas ao número de moléculas da substância.

(e) Efeito no catalisador:

Com a utilização de um catalisador adequado, a reação pode ser acelerada, ou seja, a sua velocidade pode ser aumentada.

A utilização de um catalisador não pode provocar alterações na proporção (quantidade) dos produtos.

Ao aumentar a velocidade de reação, a reação será concluída em menos tempo devido à diminuição da energia de ativação.

O catalisador não tem efeito sobre o equilíbrio porque aumenta uniformemente tanto a velocidade da reação direta como a velocidade da reação inversa.

Perguntas de escolha múltipla:

(1)　Se a concentração dos reagentes for aumentada, a velocidade da reação

  (a) Não é afetado **(b) Aumenta**

  (c) Diminui (d) Pode aumentar ou diminuir

(2)　Um catalisador aumenta a velocidade da reação porque

  (a) Aumenta a energia de ativação

  (b) Diminui a barreira energética da reação

  (c) Diminui o diâmetro de colisão

  (d) Aumenta o coeficiente de temperatura

(3)　A velocidade de uma reação depende da

  (a)　Volume (b)　Força

  (c) Pressão **(d)　Concentração do reagente**

(4)　A velocidade de uma reação química depende de

  (a)　Tempo (b)　Pressão

  (c)　Concentração **(d)　Todas estas**

(5)   Um catalisador aumenta a velocidade de uma reação química

(a)   Aumento da energia de ativação

(b)   Diminuição da energia de ativação

(c)   Reagir com os reagentes

(d)   Reação com produtos

(6)   A principal função de um catalisador na aceleração de uma reação é

(a)   Para aumentar a velocidade da reação de avanço

(b)   Alterar o percurso da reação de modo a diminuir a energia de ativação da reação

(c)   Para reduzir a temperatura a que a reação pode ocorrer

(d)   Aumentar a energia das moléculas dos reagentes

(7)   A velocidade de uma reação

(a)   Aumenta com o aumento da temperatura

(b)   Diminui com o aumento da temperatura

(c)   Não depende da temperatura

(d)   Não depende da concentração

(8)   Taxa de reação

(a)   Diminui com o aumento da temperatura

(b)   Aumenta com o aumento da temperatura

(c)   Pode aumentar ou diminuir com o aumento da temperatura

(d)   Não depende da temperatura

❖   **Determinação da velocidade média de reação e da velocidade instantânea de reação:**

Considere uma reação geral

$$R \longrightarrow P$$

A concentração do reagente ou do produto é determinada por um método adequado de medição em intervalos de tempo definidos. Suponhamos que, numa reação, uma mole de reagente (R) produz uma mole de produto (P). Na concentração inicial de R e P, a diminuição e o aumento permanecem iguais, respetivamente.

Apenas a magnitude se altera. Se o gráfico da concentração em função do tempo for traçado, o gráfico obtido será o apresentado na fig. 1.

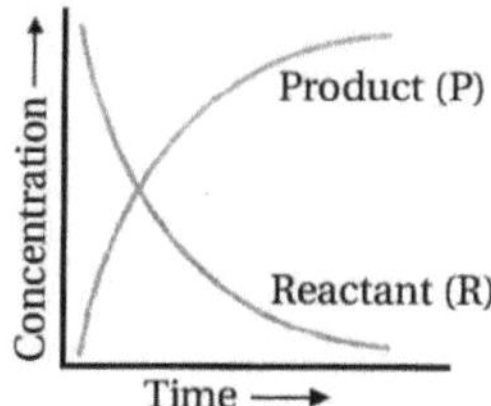

Fig. 1: Variação da concentração do reagente e do produto com o tempo.

Suponhamos que, no tempo t_1 , as concentrações do reagente e do produto são, respetivamente, $[R]_1$ e $[P]_1$ e que, em qualquer outro tempo t_2 , as suas concentrações são, respetivamente, $[R]_2$ e $[P]_2$, então $\Delta t = t_2 - t_1$ e $\Delta[R] = [R]_2 - [R]_1$ e $\Delta[P] = [P]_2 - [P]_1$, em que $\Delta[P]$ e $\Delta[R]$ são as variações de concentração do produto e do reactante, respetivamente.

A velocidade média de reação rav pode ser expressa como

$$r_{av} = -\frac{\Delta[R]}{\Delta t} = +\frac{\Delta P}{\Delta t} \quad ......(1)$$

O sinal negativo tem apenas um significado matemático. A equação (1) mostra que a unidade da taxa média é a concentração tempo-1, ou seja, molar segundo-1, molar minuto-1, molar dia-1, molar ano-1.

Para a determinação da velocidade instantânea da reação

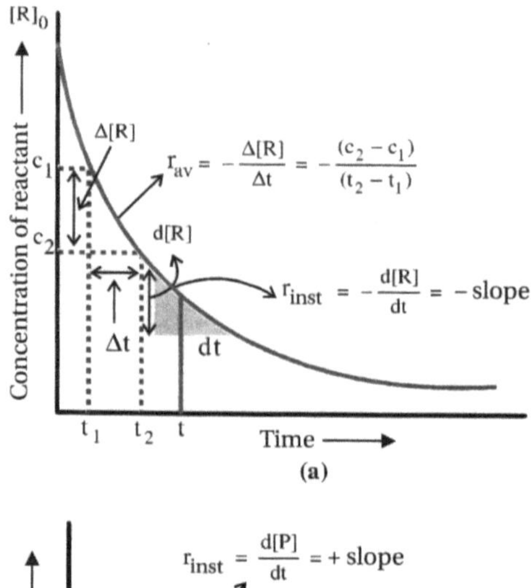

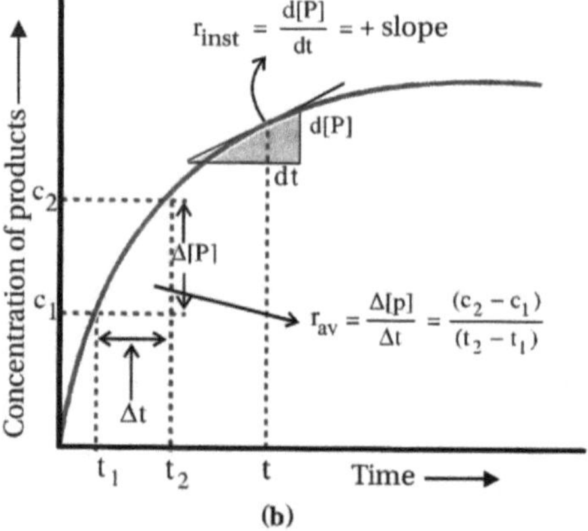

A partir da fig. (a), a velocidade da reação diminui rapidamente no início e torna-se menor com o aumento do tempo. A taxa instantânea (r_{inst}) varia com a alteração da velocidade instantânea, pelo que a taxa instantânea (r_{inst}) está a variar.

A taxa instantânea (r_{inst}) em qualquer instante de tempo (t) tem valor definido.

A taxa instantânea pode ser expressa matematicamente da seguinte forma:

$$r_{inst} = -\frac{d[R]}{dt} = \frac{dP}{dt} \quad .....(2) \ (\text{Quando } t \to 0)$$

$$\therefore r_{inst} = -\text{slope}(\text{for } R) = -\frac{d[R]}{dt}$$

$$r_{inst} = +slope\left(\text{for } P\right) = \frac{d[P]}{dt}$$

❖ **Expressão da taxa e constante da taxa:**

Considere uma reação geral

$$aA + bB \longrightarrow cC + dD$$

em que a,b,c e d são os coeficientes estequiométricos

A expressão da taxa para esta reação é

$$\text{Taxa} \propto [A]^p \, [B]^q$$

Quando os expoentes p e q podem ou não ser iguais aos coeficientes estequiométricos (a e b) dos reagentes, a equação acima pode ser escrita como

$$\text{Taxa} = k \, [A]^p \, [B]^q$$

$-\frac{d[R]}{dt} = k[A]^p \, [B]^q$,   esta equação é conhecida como equação de taxa diferencial, onde k é uma constante de proporcionalidade chamada constante de taxa.

Vejamos outro exemplo,

Reação de decomposição do pentóxido de azoto, $2N\,O_{25(g)} \rightarrow 4NO_{2(g)} + O_{2(g)}$

$$-\frac{1}{2}\frac{d[N_2O_5]}{dt} \propto [N_2O_5]$$

$$-\frac{1}{2}\frac{d[N_2O_5]}{dt} = K[N_2O_5]$$

OU

$$\text{Velocidade da reação} = k[N\,O]_{25}$$

Onde K é a constante de velocidade e é chamada constante de velocidade específica, quando a concentração de reagentes é 1M.

Assim, a partir da expressão geral, podemos determinar a constante de velocidade

$$K = \frac{Rate}{[A]^p \, [B]^q}$$

Onde p + q dá a ordem total das reacções. As dimensões da ordem de reação são

$$K = \frac{Concentration}{time[Concentration]^n}$$

As unidades de K para reacções de diferentes ordens são apresentadas na tabela-1.

Encomendar	Tipo de reação	Unidade de K (em seg.)	Unidade de K (geral)
0	Reação de ordem zero	$Mol.lit^{-1}\ seg^{-1}$	$Mol.lit^{-1}\ tempo^{-1}$
1	Reação de primeira ordem	Sec^{-1}	$Tempo^{-1}$
2	Reação de segunda ordem	$(mol.lit\ )^{-1-1}\ seg^{-1}$	$(mol.lit\ )^{-1-1}\ seg^{-1}$
n	reação de ordem n	$(mol.lit\ )^{-11-n}\ seg^{-1}$	$(mol.lit\ )^{-11-n}\ tempo^{-1}$

✦ Perguntas de escolha múltipla:

(9) Para a reação $N_2 + 3H_2 \rightarrow 2NH_3$

se $\frac{\Delta[NH_3]}{\Delta t} = 2 \times 10^{-4}\ mol\ l^{-1}s^{-1}$, o valor de $\frac{-\Delta[H_2]}{\Delta t}$ seria

(a) $1 \times 10^{-4}\ mol\ l^{-1}s^{-1}$ (b) $3 \times 10^{-4}\ mol\ l^{-1}s^{-1}$

(c) $4 \times 10^{-4}\ mol\ l^{-1}s^{-1}$ (d) $6 \times 10^{-4}\ mol\ l^{-1}s^{-1}$

Sol: $N_2 + 3H_2 \rightleftharpoons 2NH_3$

$$\frac{-\Delta[N_2]}{\Delta t} = -\frac{1}{3}\frac{\Delta[H_2]}{\Delta t} = \frac{1}{2}\frac{\Delta[NH_3]}{\Delta t}$$

$$\therefore \frac{\Delta[H_2]}{\Delta t} = \frac{3}{2} \times \frac{\Delta[NH_3]}{\Delta t} = \frac{3}{2} \times 2 \times 10^{-4}$$

$$= 3 \times 10^{-4}\ mol\ litre^{-1}sec^{-1}$$

(10) Numa reação $2A + B \rightarrow A_2B$, o reagente A desaparecerá a
(a) Metade da taxa de diminuição de B
(b) À mesma taxa que B diminuirá
(c) O dobro da taxa a que B irá diminuir
(d) À mesma taxa que A_2B se formará

(11)   O termo $\left(-\dfrac{dc}{dt}\right)$ numa equação de taxa refere-se à

    (a) Concentração do reagente
    (b) Diminuição da concentração do reagente com o tempo
    (c) Aumento da concentração do reagente com o tempo
    (d) Constante de velocidade da reação

(12)   Para o seguinte esquema de reação (homogéneo), a constante de velocidade tem unidades $\qquad A+B\xrightarrow{K}C$

    (a) $sec^{-1}\,mole$ (b) sec^{-1}

    (c) $sec^{-1}\,litre\,mole^{-1}$ (d) *sec*

(13) $A+2B\to C+D$. Se $-\dfrac{d[A]}{dt}=5\times10^{-4}\,mol\,l^{-1}s^{-1}$ 1, então $-\dfrac{d[B]}{dt}$ é

    (a) $2.5\times10^{-4}\,mol\,l^{-1}s^{-1}$ **(b)** $5.0\times10^{-4}\,mol\,l^{-1}s^{-1}$

    (c) $2.5\times10-3mol\,l^{-1}s^{-1}$ (d) $1.0\times10^{-3}\,mol\,l^{-1}s^{-1}$

    SOl: $A+2B\to C+D$

$$\frac{-d[A]}{dt}=5\times10^{-4}$$

$$-\frac{1}{2}\frac{d[B]}{dt}=\frac{5\times10^{-4}}{2}=2.5\times10^{-4}\,mol^{-1}\,sec^{-1}$$

(14)   A constante de velocidade de uma reação $H_2+I_2\to 2HI$ é 49, então a constante de velocidade da reação

    $2HI\to H_2+I_2$ é
    (a) 7   **(b) 1/49**
    (c) 49   (d) 21
    (e) 63

    Sol: Para uma reação reversível, a constante de velocidade é também inversa.

(15)   A unidade da constante de velocidade para uma reação de ordem zero é

    (a) *litro* sec^{-1} (b) *litro* $mole^{-1}\,sec^{-1}$

    (c) *mol* $litre^{-1}\,sec^{-1}$ (d) *mol* sec^{-1}

(16)   Para uma reação química $A\to B$ verifica-se que a velocidade da reação duplica quando a concentração de A é aumentada quatro vezes. A ordem em A para esta reação é
    (a) Dois   (b) Um
    (c) Metade   (d) Zero

Sol: $r = K[A]^m$ também $2r = K[4A]^m$, $\dfrac{1}{2} = \left(\dfrac{1}{4}\right)^m$

$$\therefore m = \dfrac{1}{2}$$

(17) A hidrólise do acetato de etilo é uma reação de

$$CH_3COOEt + H_2O \xrightarrow{H^+} CH_3COOH + EtOH$$

(a) Primeira ordem   (b) Segunda ordem
(c) Terceira ordem   (d) Ordem zero

(18) A unidade da constante de velocidade específica de uma reação de primeira ordem (se a concentração for expressa em molaridade) seria
(a) *mole* $litre^{-1}s^{-1}$ (b) *toupeira* $litre^{-1}$
(c) *mole* s^{-1} **(d)** s^{-1}

(19) Uma reação $2A \to$ cujos produtos seguem uma cinética de ordem zero, então

(a) $\dfrac{dx}{dt} = k[A]^2$ **(b)** $\dfrac{dx}{dt} = k[A]^0$

(c) $\dfrac{dx}{dt} = k[A]$ (d) $\dfrac{dx}{dt} = k[2A]$

Sol: Para reacções de ordem zero $\dfrac{dx}{dt} = K(A)^o$

(20) A inversão da sacarose é
(a) Reação de ordem zero   (b) Reação de primeira ordem
(c) Reação de segunda ordem   (d) Reação de terceira ordem

(21) A reação $2H_2O_2 \to 2H_2O + O_2$ é uma
(a) Reação de ordem zero   **(b) Reação de primeira ordem**
(c) Reação de segunda ordem   (d) Reação de terceira ordem

Sol: Como $r = k(H_2O_2)$, é uma reação de 1st ordem.

(22) Se a expressão da taxa de uma reação química for dada por Taxa $= k[A]^m[B]^n$

(a) A ordem da reação é m

(b) A ordem da reação é n

(c) A ordem da reação é $m+n$

(d) A ordem da reação é $m-n$

(23) Para uma reação cuja expressão da taxa é   Taxa $= k[A]^{1/2}[B]^{3/2}$, a ordem seria

(a) 1.5 **(b) 2**

(c) 3 (d) 1

Sol: Taxa = $K[A]^{1/2}[B]^{3/2}$

$$\therefore O.R. = \frac{1}{2} + \frac{3}{2} = \frac{4}{2} = 2$$

(24) A reação $2FeCl_3 + SnCl_2 \rightarrow 2FeCl_2 + SnCl_4$ é um exemplo de

(a) Reação de primeira ordem

(b) Reação de segunda ordem

(c) Reação de terceira ordem

(d) Nenhum destes

Sol: $r = K[FeCl_3]^2[SnCl_2]^1$. Encomendar $= 2+1 = 3$

(25) A constante de velocidade de uma reação de primeira ordem é 3×10^{-6} por segundo. Se a concentração inicial for 0,10 m, a velocidade inicial da reação é

(a) $3 \times 10^{-5} ms^{-1}$ (b) $3 \times 10^{-6} ms^{-1}$

(c) $3 \times 10^{-8} ms^{-1}$ **(d)** $3 \times 10^{-7} ms^{-1}$

Sol: Constante de velocidade da reação de primeira ordem $(K) = 3 \times 10^{-6}$ por segundo e concentração inicial $[A] = 0.10 M$. Sabemos que a constante de velocidade inicial

$K[A] = 3 \times 10^{-6} \times 0.10 = 3 \times 10^{-7} ms^{-1}$.

(26) A lei da velocidade da reação $A + 2B \rightarrow$ Produto é dada por $\frac{d[dB]}{dt} = k[B^2]$. Se A for tomado em excesso, a ordem da reação será

(a) 1 **(b) 2**

(c) 3 (d) 0

(27) A reação dada $2NO + O_2 \rightarrow 2NO_2$ é um exemplo de

(a) Reação de primeira ordem (b) Reação de segunda ordem

(c) Reação de terceira ordem (d) Nenhuma destas

Sol: É uma reação de terceira ordem porque

$$Rate = K[NO]^2[O_2]^1 \quad \therefore O.R. = 2+1 = 3$$

(28)   Da seguinte reação, que é uma reação de segunda ordem
   (a) $K = 5.47 \times 10^{-4} \; \text{sec}^{-1}$
   (b) $K = 3.9 \times 10^{-3} \, \text{mole lit sec}^{-1}$
   (c) $K = 3.94 \times 10^{-4} \, \text{lit mole}^{-1} \; \text{sec}^{-1}$
   (d) $K = 3.98 \times 10^{-5} \, \text{lit mole}^{-2} \; \text{sec}^{-1}$

(29)   Para o sistema reacional $2NO(g) + O_2(g) \rightarrow 2NO_2(g)$ o volume é subitamente reduzido para metade do seu valor aumentando a pressão sobre ele. Se a reação for de primeira ordem em relação a O_2 e de segunda ordem em relação a NO , a velocidade da reação será
   (a) Diminuir para um quarto do seu valor inicial
   (b) Diminuir para um oitavo do seu valor inicial
   (c) Aumento para oito vezes o seu valor inicial
   (d) Aumentar para quatro vezes o seu valor inicial

Sol: $R = k[NO]^2[O_2]$, $R' = k[2NO]^2[2O_2]$

$$R' = k \times 4[NO]^2[O_2] = k \times 8[NO]^2[O_2]$$

$$\frac{R'}{R} = \frac{k \times 8[NO]^2[O_2]}{k[NO]^2[O_2]} = 8$$

(30)   A unidade da constante de velocidade no caso de uma reação de ordem zero é

   (a) Concentração $\times \text{Time}^{-1}$ (b) $\text{Concentrat ion}^{-1} \times \text{Time}^{-1}$
   (c) $\text{Concentrat ion} \times \text{Time}^2$ (d) $\text{Concentrat ion}^{-1} \times \text{Time}$

Sol: Para reação de ordem zero

Constante de velocidade $= \dfrac{dx}{dt} = \dfrac{\text{Concentrat ion}}{\text{Time}}$

Unidade $= \text{concentrat ion} \times \text{time}^{-1}$.

(31)   Para a reação a $A \rightarrow x\, P$, quando $[A] = 2.2 \, mM$, a velocidade é $2.4 \, mM\, s^{-1}$. Ao reduzir a concentração de A para metade, a velocidade muda para $0.6 \, mM\, s^{-1}$. A ordem da reação em relação a A é

   (a) 1.5   **(b) 2.0**
   (c) 2.5   (d) 3.0

Sol: $aA \rightarrow xP$
Velocidade da reação $= [A]^a$

Ordem de reação = a

$[A]_1 = 2,2$ mM, $r_1 = 2,4$ m M s^{-1} ...(i)

$[A]_2 = 2,2/2$ mM, $r_1 = 0,6$ m M s^{-1} ou, $\frac{2.4}{4}$ ...(ii)

Ao reduzir a concentração de A para metade, a velocidade da reação diminui quatro vezes.

Velocidade da reação = $[A]^2$

Ordem de reação = 2.

(32)   O que é correto sobre a reação de ordem zero
(a) A velocidade da reação depende da constante de decaimento
(b) A velocidade da reação é independente da concentração
(c) A unidade da constante de velocidade é a concentração^{-1}
(d) A unidade da constante de velocidade é a concentração^{-1} tempo $^{-1}$

Sol: Para uma reação de ordem zero, a velocidade da reação é independente da concentração $R = K[\text{Reactant}]^0$

(33)   Para a reação $A + B \rightarrow C$, verifica-se que duplicar a concentração de A aumenta a velocidade de reação 4 vezes e duplicar a concentração de B duplica a velocidade de reação. Qual é a ordem geral da reação?

(a) 4   (b) 3/2
(c) 3   (d) 1

Sol: $A + B \rightarrow C$
Ao duplicar a concentração de A , a taxa de reação aumenta quatro vezes. Taxa $\propto [A]^2$
No entanto, ao duplicar a concentração de B , a velocidade da reação aumenta duas vezes.   Taxa $\propto [B]$
Assim, a ordem geral da reação = 2 + 1= 3

(34)   Qual das seguintes reacções termina num tempo finito
(a) 0 ordem   (b) 1ª ordem
(c) 2ª ordem   (d) 3ª ordem

Sol: No caso de uma reação de ordem zero, a concentração do reagente diminui linearmente com o tempo, uma vez que a sua velocidade é independente da concentração dos reagentes.

Capítulo 2 - Cálculo da ordem de reação

❖ **O que é a molecularidade? Explicar com exemplos adequados?**

"O número de átomos, iões ou moléculas do reagente que participam na reação e que sofrem colisão entre si, de modo a que a reação resulte, é chamado molecularidade da reação."

A molecularidade pode ser definida para reacções elementares, não tendo qualquer importância para reacções complexas.

Se uma molécula estiver associada à reação, esta é designada por reação monomolecular (unimolecular).

Por exemplo, decomposição do nitrito de amónio

$$NH_4\,NO_2 \rightarrow N_2 + 2H\,O_2$$

Na reação bimolecular, duas moléculas colidem uma com a outra.

Por exemplo, a decomposição do hidrogénio-iodo.

$$2HI \rightarrow H_2 + I_2$$

Numa reação termo-molecular, três moléculas colidem uma com a outra por exemplo, reação do óxido nítrico com o dioxigénio.

$$2NO + O_2 \rightarrow 2NO_2$$

A possibilidade de colisão de três ou mais moléculas entre si e de resultar na reação é menor.

A molecularidade superior a três não é observada.

Assim, as ordens das reacções e as molecularidades da reação elementar bimolecular e trimolecular são as mesmas.

H_2 e I_2 combinam-se e formam HI.

$$H_2 + I_2 \rightarrow 2HI$$

Neste caso, é utilizada uma molécula de hidrogénio e uma molécula de iodo, pelo que a sua molecularidade é 1 + 1 = 2.

ou seja, é uma reação bimolecular.

Olhando para a ordem da reação, os expoentes de H_2 e I_2 são 1 e 1.

Assim, a ordem da reação será 1 + 1 = 2. Assim, a ordem de reação e a molecularidade são iguais, ou seja, 2.

Para uma reação monomolecular, a ordem da reação será 1 a alta pressão ou concentração, mas a baixa pressão ou concentração a ordem será 2.

⬧ Perguntas de escolha múltipla:

(35)   A inversão do açúcar de cana é representada por

$$C_{12}H_{22}O_{11} + H_2O \rightarrow C_6H_{12}O_6 + C_6H_{12}O_6$$

É uma reação de

(a) Segunda ordem   (b) Unimolecular

(c) Pseudo-unimolecular   (d) Nenhuma das três

(36)   Qual das seguintes afirmações está errada

(a) A molecularidade de uma reação é sempre um número inteiro

(b) A ordem e a molecularidade de uma reação não precisam de ser as mesmas

(c) A ordem de uma reação pode ser zero

(d) A ordem de uma reação depende do mecanismo da reação

(40)   A hidrólise alcalina do acetato de etilo é representada pela equação

$$CH_3COOC_2H_5 + NaOH \rightarrow CH_3COONa + C_2H_5OH$$

Experimentalmente, verificou-se que, para esta reação

$$\frac{dx}{dt} = k[CH_3COOC_2H_5][NaOH]$$

Então a reação é

(a) Bimoleculares e de primeira ordem

(b) Bimoleculares e de segunda ordem

(c) Pseudo-bimolecular

(d) Pseudo-unimolecular

(41)   Qual das seguintes afirmações sobre a molecularidade de uma reação está errada

(a) É o número de moléculas dos reagentes que participam numa reação
química numa   única fase

(b) É calculado a partir do mecanismo de reação

(c) Pode ser um número inteiro ou fracionário

(d) Depende da fase determinante da velocidade da reação

(42)   Numa reação que envolve a hidrólise de um cloreto orgânico na presença de um grande excesso de água

$$RCl + H_2O \rightarrow ROH + HCl$$

(a) A molecularidade é 2, a ordem de reação é também 2

(b) A molecularidade é 2, a ordem de reação é 1

(c) A molecularidade é 1, a ordem de reação é 2

(d) A molecularidade é 1, a ordem de reação também é 1

(43)   Para uma reação química.... nunca pode ser uma fração

(a) Ordem   (b) Meia-vida

(c) Molecularidade   (d) Constante de velocidade

❖ **Derivar a equação de velocidade integrada para uma reação de ordem zero.**

A reação de ordem zero é aquela em que "a velocidade da reação é proporcional a zero expoentes da concentração do reagente".

Considere uma reação de ordem zero

$$R \rightarrow P \ (R = \text{Reagente e } P = \text{Produto})$$

$$\text{Taxa} = \frac{-d[R]}{dt} = K[R]^0$$

$$= K(1) = K \quad \dots(1)$$

$$\therefore -d[R] = Kdt \qquad \dots(2)$$

Sobre a integração,

$$[R] = -Kt + C \qquad \dots(3)$$

Onde C é a constante de integração e o seu valor pode ser determinado para a concentração no tempo t = 0 ou $[R]_0 = C$.

$$\therefore [R]_0 = -K \times 0 + C = C \quad \text{ou}$$

$$[R]_0 = C \qquad \dots(4)$$

Colocando isto na equação (3)

$$\therefore [R] = -Kt + [R]_0 \qquad \dots(5)$$

Variação no gráfico da concentração versus tempo para uma reação de ordem zero.

Agora, se desenharmos o gráfico da concentração [R] versus o tempo (t), será obtida uma linha reta.

O valor do declive será igual ao valor negativo de K, ou seja, -K e o valor da interceção será $[R]_0$ que é a concentração no tempo zero ou igual à concentração inicial $[R]_0$.

A equação (5) pode ser escrita desta forma.

$$[R] = -Kt + [R]_0$$

$$\therefore -Kt = [R] - [R]_0 \qquad \dots(6)$$

$$\therefore Kt = [R]_0 - [R] \qquad \dots(7)$$

$$\therefore K = \frac{[R]_0 - [R]}{t} \qquad \dots(8)$$

Agora, se escrevermos os valores do reagente em diferentes momentos (t) como $[R]_t$, então a equação (8) pode ser escrita da seguinte forma:

$$\therefore K = \frac{[R]_0 - [R]_t}{t} \quad .....(9)$$

❖ **Calcular Período de meia-vida para reação de ordem zero ($t_{\frac{1}{2}}^1$):**

"Período de meia-vida da reação é o tempo necessário para que a concentração do reagente na reação seja metade".

O período de meia-vida dos elementos radioactivos é definido e é expresso como $t_{\frac{1}{2}}$. Se colocarmos o valor da concentração no tempo $t_{\frac{1}{2}}$ na equação (9), então,

$$[R]_t = \frac{1}{2}[R]_0$$

$$\text{Então,} \quad t_{\frac{1}{2}} = \frac{[R]_0 - \frac{1}{2}[R]_0}{K}$$

$$= \frac{[R]_0}{2K}$$

É evidente que o período de meia-vida $dt_{\frac{1}{2}}$ de uma reação de ordem zero é diretamente proporcional à concentração inicial $[R]_0$ e inversamente proporcional à constante de velocidade.

❖ **Derive a equação da constante de velocidade para a reação de primeira ordem.**

A reação de primeira ordem "a velocidade da reação é proporcional ao expoente um da concentração do reagente".

Considere-se uma Reação geral: $R \rightarrow P$

$$\text{Taxa de reação} = -\frac{d[R]}{dt} = K[R] \quad .....(1)$$

$$\text{OU}$$

$$\text{Taxa de reação} = -\frac{d[R]}{R} = Kdt \quad .....(2)$$

Integrando a equação (2),

$$\ln[R] = -Kt + C \quad .....(3)$$

Onde C é a constante de integração. O seu valor pode ser obtido a partir da concentração do reagente $[R]_0$ no tempo zero $[t]_0$

Quando t = 0, então $[R] = [R]_0$

Colocando este valor na equação (3),

$$\ln[R]_0 = -K \times 0 + C = 0 + C$$

❖ Colocando este valor na equação (3),

$$\ln[R] = -Kt + \ln[R]_0 \quad .....(4)$$

$$\therefore Kt = \ln[R]_0 - \ln[R] \quad .....(5)$$

$$\therefore K = \frac{1}{t} \ln \frac{[R]_0}{[R]}$$

$$\therefore K = \frac{2.303}{t} \log_{10} \frac{[R]_0}{[R]}$$

(em que $[R]t$ = concentração no momento "t")......(6)

Suponha que as concentrações $[R]_1$ e $[R]_2$ dos reagentes são determinadas nos tempos t_1 e t_2 e colocadas na equação (6),

$$K = \frac{1}{(t_2 - t_1)} \ln \left(\frac{[R]_1}{[R]_2} \right) ......(7)$$

Se a equação (4) for reescrita na forma exponencial, pode ser escrita como

$[R] = [R]_0 \, e^{-kt}$

Se pensarmos na equação, $\ln[R]_t = -Kt + \ln[R]_0$, então se um gráfico dos valores de $\ln [R]_t$ obtidos for traçado em relação a diferentes tempos (t), obtém-se uma linha reta e o valor do declive será igual a -K e o valor da interceção será igual a $\ln[R]_0$.

Escrever a equação acima na base 10 do logaritmo da equação acima

Em $[R]_t = -Kt + \ln [R]_0$ pode ser escrito como

2,303 log $[R]_t$ = -Kt + 2,303 log $[R]_0$ .....(8)

Dividir a equação (8) por 2,303,

$$\log_{10}[R]_t = -\frac{Kt}{2.303} + \log_{10}[R]_0 \quad ......(9)$$

Assim, se se traçar um gráfico de $\log_{10} [R]_t$ contra t, obtém-se uma linha reta e o valor do declive será igual a $-\dfrac{Kt}{2.303}$ e o valor da interceção será igual a $\log_{10} [R]_0$.

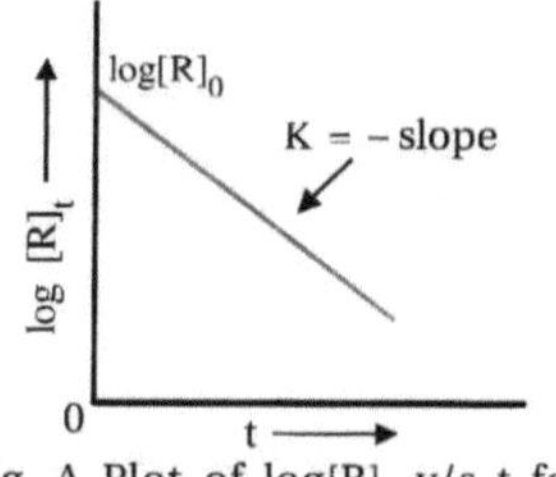

Fig. A Plot of $\log[R]_t$ v/s t for
a first order reaction

Antes, o tempo t é tomado de forma a que a concentração inicial do reagente se torne metade.

ou seja $[R]_t = \dfrac{1}{2}[R]_o$

Este tempo é designado por período de meia-vida. Colocando estes valores na equação (9),

$$\log\frac{1}{2}[R]_0 = -\frac{Kt}{2.303}\,t_{\frac{1}{2}} + \log[R]_0 \qquad .....(10)$$

$$\therefore \frac{K}{2.303}\,t_{\frac{1}{2}} = \log\frac{[R_0]}{\frac{1}{2}[R]_o} = \log 2 \qquad .....(11)$$

$$\therefore t_{\frac{1}{2}} = \log 2 \times \frac{2.303}{K}$$

$$\therefore t_{\frac{1}{2}} = \frac{0.3010 \times 2.303}{K}$$

$$\therefore t_{\frac{1}{2}} = \frac{0.693}{K} \qquad ......(12)$$

$t_{\frac{1}{2}}$ será constante porque 0,693 e K são ambos constantes.

Assim, o período de meia-vida da reação de primeira ordem é independente da concentração inicial do reagente e é inversamente proporcional à constante de velocidade K.

❖ **Explicar a reação de pseudo-primeira ordem?**

Algumas reacções são de primeira ordem com referência a dois reagentes diferentes.

Por exemplo, a velocidade de uma reação = K [A] [B].

Suponha que a concentração do reagente A é menor em comparação com a concentração do reagente B; Viz. [A] = 0,01 M e [B] = 55,55 M (molaridade da água), então a concentração de água durante a reação diminui para 55,55 - 0,01 = 55,54 M, porque 0,01 M pode ser negligenciado.

Assim, mesmo depois de terminada a reação, a concentração de água não se altera sensivelmente.

Ou seja, se puder ser considerada constante, então a taxa = K_0 [A] pode ser escrita onde

K_0 = K[B] será constante.

Agora, esta reação actuará como uma reação de primeira ordem. Estas reacções são designadas por reacções de pseudo-primeira ordem.

A hidrólise do acetato de metilo na presença de H^+ dá origem a metanol e ácido etanoico, respetivamente.

$$CH_3COOCH_3 + H_2O \xrightleftharpoons{H^+} CH_3OH + CH_3COOH$$

Nesta reação, como se viu acima, a concentração de água permanece quase constante e, portanto, esta reação será considerada de primeira ordem, mas esta reação não é realmente de primeira ordem, mas esta reação não é realmente de primeira ordem, porque ambos os reagentes são consumidos nesta reação e os expoentes da sua concentração são 1.

Por conseguinte, esta reação deve ser 1 + 1 = 2. Reação de segunda ordem.

Mas considerando a concentração de água como constante, a reação passa a ser de primeira ordem, o que é comprovado experimentalmente.

✦ Perguntas de escolha múltipla:

(44)   A reação $2NO(g) + O_2(g) \rightleftharpoons 2NO_2(g)$ é de primeira ordem. Se o volume do recipiente de reação for reduzido para 1/3, a velocidade da reação será

(a) 1/3 *vezes*   (b) 2/3 *vezes*
(c) 3 *vezes*   (d) 6 *vezes*

Sol: Para a seguinte reação, $2NO_{(g)} + O_2(g) \rightarrow 2NO_2(g)$

Quando o volume do recipiente muda para $\frac{1}{3}$, a concentração do reagente torna-se três vezes maior.

A taxa de reação para a reação de primeira ordem $\propto$ concentração.

Assim, a velocidade da reação aumentará três vezes.

(45)   Uma reação de primeira ordem em relação ao reagente *A* tem uma constante de velocidade $6\,min^{-1}$. Se começarmos com $[A] = 0.5\,mol\ l^{-1}$, quando é que $[A]$ atinge o valor 0,05mol l^{-1}

(a) 0,384 *min*   (b) 0,15 *min*

(c) 3 *min*   (d) 3,84 *min*

Sol: Sabemos que para a cinética de primeira ordem

$$k = \frac{2.303}{t} \log \frac{a}{a-x}$$

$$(a-x) = 0.05 \ mol \ l^{-1} , 6 = \frac{2.303}{t} \log \frac{0.5}{0.05}$$

ou $t = \frac{2.303}{6} \log \frac{0.5}{0.05} = \frac{2.303}{6} = 0.384 \ min$

(46)   A reação $N_2O_5 \ (in \ CCl_4 \ solution) \rightarrow 2NO_2(solution) + \frac{1}{2}O_2(g)$

é de primeira ordem em N_2O_5 com constante de velocidade $6.2 \times 10^{-1} s^{-1}$. Qual é o valor da velocidade da reação quando $[N_2O_5] = 1.25 \ mole \ l^{-1}$

(a) $7.75 \times 10^{-1} mole \ l^{-1} s^{-1}$ **(b)** $6.35 \times 10^{-3} mole \ l^{-1} s^{-1}$

(c) $5.15 \times 10^{-5} mole \ l^{-1} s^{-1}$ **(d)** $3.85 \times 10^{-1} mole \ l^{-1} s^{-1}$

Sol: (a) Taxa $= K(N_2O_5) = 6.2 \times 10^{-1} \times 1.25$

$$= 7.75 \times 10^{-1} \ mol \ l^{-1} \ s^{-1}$$

(47)   A constante de velocidade da reação $2N_2O_5 \rightarrow 4NO_2 + O_2$ é $3 \times 10^{-5} \ sec^{-1}$. Se a velocidade é $2.40 \times 10^{-5} mol \ litre^{-1} sec^{-1}$. Então a concentração de N_2O_5 (em *mol litro*$^{-1}$) é

(a) 1.4   (b) 1.2

(c) 0.04   **(d) 0.8**

Sol: Taxa $= K(N_2O_5)$ portanto $2.4 \times 10^{-5} = 3.0 \times 10^{-5}(N_2O_5)$

ou $(N_2O_5) = 0.8 \ mol \ l^{-1}$

(48)   Para uma reação $A + B \rightarrow$ produto, verificou-se que a velocidade da reação aumenta quatro vezes se a concentração de "*A*" for duplicada, mas a velocidade da reação não é afetada. Se a concentração de "*B*" for duplicada. Assim, a lei da velocidade da reação é

(a) rate $= k[A][B]$ **(b)** rate $= k[A]^2$

(c) rate $= k[A]^2[B]^1$ **(d)** rate $= k[A]^2[B]^2$

Resolver: Seja a taxa de reação dependente de x^{th} potência de [*A*]. Então

$r_1 = k[A]^x$ e $r_2 = k[2A]^x$

$$\therefore \frac{r_1}{r_2} = \frac{[A]^x}{[2A]^x} = \frac{1}{4} = \left(\frac{1}{2}\right)^2 \qquad (\because r_2 = 4r_1)$$

$\therefore x = 2$. Como a velocidade da reação não depende da concentração de B. Assim, a lei da velocidade correcta será

rate $= K[A]^2[B]^o$ **ou** $= K[A]^2$

(49) A taxa de reação entre A e B aumenta por um fator de 100, quando a concentração de A é aumentada 10 vezes. A ordem de reação em relação a A é

(a) 10   (b) 1

(c) 4   **(d) 2**

Sol: $r = K[A]^n$, $\quad 100r = K[10\,A]^n$

Assim, $\dfrac{1}{100} = \left(\dfrac{1}{10}\right)^n$ ou $n = 2$

(50) Uma reação de primeira ordem que está 30% completa em 30 minutos tem um período de meia-vida de

(a) 24,2 min   **(b) 58,2 min**

(c) 102,2 min   (d) 120,2 min

Sol: $k = \dfrac{2.303}{t} \log \dfrac{a}{a-x}$

$$\frac{0.693}{T} = \frac{2.303}{t} \log \frac{100}{100-30}$$

$\therefore T = 58.2$ min.

(51) A decomposição de N_2O_5 é uma reação de primeira ordem representada por $N_2O_5 \rightarrow N_2O_4 + \dfrac{1}{2}O_2$. Após 15 minutos, o volume de O_2 produzido é $9\,ml$ e no final da reação $35\,ml$. A constante de velocidade é igual a

(a) $\dfrac{1}{15} \ln \dfrac{35}{44}$ (b) $\dfrac{1}{15} \ln \dfrac{44}{26}$

(c) $\dfrac{1}{15} \ln \dfrac{44}{35}$ **(d)** $\dfrac{1}{15} \ln \dfrac{35}{26}$

Sol: $K = \dfrac{1}{t} \log e\left(\dfrac{a}{a-x}\right) = \dfrac{1}{15} \log e\left(\dfrac{35}{35-9}\right) = \dfrac{1}{15} \log e\left(\dfrac{35}{26}\right)$

(52) Uma reação de primeira ordem necessita de 30 minutos para se completar a 50%. O tempo necessário para completar a reação em 75% será

(a) 45 minutos   (b) 15 minutos

(c) 60 minutos   (d) Nenhuma destas opções

Sol: $k = \dfrac{0.693}{30} = 0.0231$; $t = \dfrac{2.303}{k} \log\left(\dfrac{100}{100-75}\right)$

$t = \dfrac{2.303}{0.0231} \log 4 = 60 \text{ minutes}$

(53) Período de meia-vida $t_{1/2}$ para uma reação de primeira ordem é

(a) K (b) $\dfrac{1.303 \log 2}{K}$

(c) $\dfrac{2.303 \log 2}{K}$ (d) $\dfrac{9}{K}$

Sol: $t_{1/2} = \dfrac{2.303 \log 2}{K} = \dfrac{0.693}{K}$

(54) A meia-vida de uma reação de primeira ordem é 69.35 sec . O valor da constante de velocidade da reação é

(a) $1.0\,s^{-1}$ (b) $0.1\,s^{-1}$

(c) $0.01\,s^{-1}$ (d) $0.001\,s^{-1}$

Sol: $k = \dfrac{0.693}{t_{1/2}} = \dfrac{0.693}{69.35} = 9.99 \times 10^{-3} = 0.01\,s^{-1}$

(55) A meia-vida para a reação $N_2O_5 \rightleftharpoons 2NO_2 + \dfrac{1}{2}O_2$ em $24\,hrs$ em $30°C$. Começando com $10\,g$ de N_2O_5 quantos gramas de N_2O_5 permanecerão após um período de 96 *horas*

(a) $1.25\,g$ **(b)** $0.63\,g$

(c) $1.77\,g$ (d) $0.5\,g$

Sol: $k = \dfrac{0.693}{24}\,hr^{-1} = \dfrac{2.303}{96} \log \dfrac{10}{a-x}$

ou $\log \dfrac{10}{a-x} = 1.2036$ ou 1 - log (*a* - *x*) = 1,2036

ou $\log(a-x) = -0.2036 = 1.7964$

ou $(a-x) = \text{antilog } 1.7964 = 0.6258\,gm$

(56) A meia-vida de uma reação de primeira ordem é de 10 minutos. Se a quantidade inicial é $0.08\,mol\,/\,litre$ e a concentração num dado instante é $0.01\,mol\,/\,litre$, então $t =$

(a) 10 minutos   **(b) 30 minutos**

(c) 20 minutos   (d) 40 minutos

Sol: $0.08\,mol\,l^{-1}$ para $0.01\,mol\,l^{-1}$ envolve 3 meias-vidas. Portanto, o t é de 30 minutos

(57)   O período de meia-vida de uma reação de segunda ordem é
(a) Proporcional à concentração inicial dos reagentes
(b) Independente da concentração inicial dos reagentes
(c) Inversamente proporcional à concentração inicial dos reagentes
(d) Inversamente proporcional ao quadrado da concentração inicial dos reagentes

(58)   Após quantos segundos a concentração dos reagentes numa reação de primeira ordem será reduzida para metade, se a constante de decaimento for $1.155 \times 10^{-3} \sec^{-1}$
(a) 100 seg.   (b) 200 s
(c) 400 seg.   **(d) 600 s**

Sol: $t = \dfrac{2.303}{k} \log \dfrac{a}{a-x}$

$$t = \dfrac{2.303}{1.155 \times 10^{-3}} \log \dfrac{100}{100 - 50} = 600 \ \sec$$

(59)   Qual é a ordem de uma reação que tem uma expressão de taxa taxa $= K[A]^{3/2}[B]^{-1}$
(a) 3/2   **(b) 1/2**
(c) 0   (d) Nenhuma destas opções

Sol: Taxa = $K[A]^{3/2}[B]^{-1}$

$$\therefore O.R. = \frac{3}{2} + (-1) = \frac{1}{2}$$

(60)   A velocidade de uma reação de primeira ordem é $0.6932 \times 10^{-2} \, mol \, l^{-1} min^{-1}$ e a concentração inicial dos reagentes é *1M*, $T_{1/2}$ é igual a

(a) 6.932 min

(b) 100 min

(c) 0.6932×10^{-3} min

(d) 0.6932×10^{-2} min

Sol: $r = k[\text{reactant}]^{-1} \therefore k = \dfrac{0.693 \times 10^{-2}}{1}$ também $t_{1/2} = \dfrac{0.693}{k} = \dfrac{0.693}{0.693 \times 10^{-2}} = 100$ min

(61)   Uma substância "*A*" decompõe-se por uma reação de primeira ordem que começa inicialmente com [A] =2,00m e, após 200 min, [A] = 0,15m. Para esta reação, qual é o valor de *k*
(a) $1.29 \times 10^{-2} \min^{-1}$ (b) $2.29 \times 10^{-2} \min^{-1}$
(c) $3.29 \times 10^{-2} \min^{-1}$ (d) $4.40 \times 10^{-2} \min^{-1}$

Resolver: Dado A(a) = 2,00 *m*, t = 200 *min* e a(a-x) = 0,15 *m*, sabemos

$$k = \frac{2.303}{t} \log \frac{a}{a-x} = \frac{2.303}{200} \log \frac{2.00}{0.15}$$

$$= \frac{2.303}{200} \times (0.301 + 0.824) = 1.29 \times 10^{-2} \, \text{min}^{-1}$$

(62)   Qual das seguintes afirmações sobre a reação de ordem zero não é verdadeira

(a) A sua unidade é sec^{-1}

(b) O gráfico entre log (reagente) e velocidade de reação é uma linha reta

(c) A velocidade da reação aumenta com a diminuição da concentração dos reagentes

(d) A velocidade da reação é independente da concentração dos reagentes

(63)   A constante de velocidade de uma reação de primeira ordem é 3×10^{-6} por segundo. Se a concentração inicial for 0,10 *m*, a velocidade inicial da reação é

(a) $3 \times 10^{-5} ms^{-1}$ (b) $3 \times 10^{-6} ms^{-1}$

(c) $3 \times 10^{-8} ms^{-1}$ **(d)** $3 \times 10^{-7} ms^{-1}$

Sol: Dado: Constante de velocidade da reação de primeira ordem $(K) = 3 \times 10^{-6}$ por segundo e concentração inicial $[A] = 0.10 M$. Sabemos que a constante de velocidade inicial

$K[A] = 3 \times 10^{-6} \times 0.10 = 3 \times 10^{-7} ms^{-1}$.

(64)   A lei da velocidade da reação $A + 2B \rightarrow$ Produto é dada por $\frac{d[dB]}{dt} = k[B^2]$. Se A for tomado em excesso, a ordem da reação será

(a) 1

(b) 2

(c) 3

(d) 0

(65)   Para uma dada reação $t_{1/2} = \frac{1}{Ka}$. A ordem da reação é

(a) 1   (b) 0

(c) 3   **(d) 2**

Sol: $t_{1/2} = \frac{1}{Ka}$ para reacções de segunda ordem.

(66)   75% de uma reação de primeira ordem é completada em 30 minutos. Qual é o tempo necessário para 93,75% da reação (em minutos)

(a) 45   (b) 120
(c) 90   **(d) 60**

Sol: $k = \dfrac{2.303}{t} \log\left(\dfrac{a}{a-x}\right)$; $k = \dfrac{2.303}{30} \log\left(\dfrac{100}{100-75}\right)$

$k = \dfrac{2.303}{t} \log\left(\dfrac{100}{100-93.75}\right)$ Se colocarmos o valor de K na equação anterior,

obtemos o valor de . $t \; \therefore \; t = 60\min$.

(61)   Uma reação de primeira ordem fica metade concluída em 45 minutos. Quanto tempo é necessário para que 99,9% da reação esteja completa
(a) 5 horas   **(b) 7,5 horas**
(c) 10 horas   (d) 20 horas

Sol: $k = \dfrac{0.693}{45}\min^{-1} = \dfrac{2.303}{t_{99.9\%}} \log \dfrac{a}{a-0.999a}$ ou

$t_{99.9\%} = \dfrac{2.303 \times 45}{0.693} \log 10^3 = 448$ min $\approx 7.5\ hrs$

(62)   Qual das seguintes afirmações é falsa
(a) A semi-vida de uma reação de terceira ordem é inversamente proporcional ao quadrado da concentração inicial do reagente.
(b) A molecularidade de uma reação pode ser nula ou fraccionada
(c) Para uma reação de primeira ordem $t_{1/2} = \dfrac{0.693}{K}$

(d) A velocidade da reação de ordem zero é independente da concentração inicial do reagente

(63)   Da seguinte reação, que é uma reação de segunda ordem
(a) $K = 5.47 \times 10^{-4}\ \sec^{-1}$
(b) $K = 3.9 \times 10^{-3}\ \text{mole lit sec}^{-1}$
(c) $K = 3.94 \times 10^{-4}\ \text{lit mole}^{-1}\ \sec^{-1}$
(d) $K = 3.98 \times 10^{-5}\ \text{lit mole}^{-2}\ \sec^{-1}$

(64)   Se a ordem da reação $x + y \xrightarrow{\ h\nu\ } xy$ for zero, isso significa que a taxa de

(a) A reação é independente da temperatura
(b) A formação do complexo ativado é nula
(c) A reação é independente da concentração das espécies que reagem
(d) A decomposição do complexo ativado é nula

(65)   Numa reação de primeira ordem, a concentração do reagente diminui de 0,8 *M* para 0,4 *M* em 15 minutos. O tempo necessário para que a concentração passe de 0,1 *M* para 0,025 *M* é
(a) 7,5 minutos   (b) 15 minutos
(c) 30 minutos   (d) 60 minutos

Sol: A concentração dos reagentes diminui de 0,8 para 0,4 em 15 *minutos,* ou seja, $T_{1/2} = 15$ *min*, a concentração de 0,*1* m para 0,025 diminuirá em 2 meias-vidas, pelo que o tempo total necessário é $= 2 \times T_{1/2} = 2 \times 15 = 30$ *min.*

(66)   A ordem da reação de desintegração radioactiva é
(a) Zero   **(b)** Primeiro
(c) Segundo   (d) Terceiro

(67)   Para a reação a $A \to x\,P$, quando $[A] = 2.2\, mM$, a velocidade é $2.4\, mM\ s^{-1}$. Ao reduzir a concentração de *A* para metade, a velocidade muda para $0.6\, mM\ s^{-1}$. A ordem da reação em relação a *A* é
(a) 1.5   **(b) 2.0**
(c) 2,5   (d) 3,0

Sol: $aA \to xP$

Velocidade da reação = [A]^a
Ordem de reação = a
[A]$_1$ = 2,2 mM, r$_1$ = 2,4 m M s^{-1} ...(i)
[A]$_2$ = 2,2/2 mM, r$_1$ = 0,6 m M s^{-1} ou, $\frac{2.4}{4}$ ...(ii)

Ao reduzir a   concentração de *A* para metade, a velocidade da reação diminui quatro vezes.
Velocidade da reação = [A]^2
Ordem de reação = 2.

(68)   Uma reação de primeira ordem foi iniciada com uma solução decimolar do reagente, 8 minutos e 20 segundos depois a sua concentração foi encontrada em $M/100$. Assim, a velocidade da reação é
(a) $2.303 \times 10^{-5}\ sec^{-1}$ (b) $2.303 \times 10^{-4}\ sec^{-1}$
(c) $4.606 \times 10^{-3}\ sec^{-1}$ (d) $2.606 \times 10^{-5}\ sec^{-1}$
(e) $2.603 \times 10^{-4}\ sec^{-1}$

Sol: Para uma reação de primeira ordem $K = \frac{2.303}{t} \log \frac{a}{a-x}$

Dado: ; $a = \frac{1}{10} = .1m$ $a - x = \frac{1}{100} = .01m$; *t* = 500 *s*

$$\therefore\ K = \frac{2.303}{500}\log\frac{.10}{.01} = \frac{2.303}{500}\log 10 = \frac{2.303}{500} = 0.004606 = 4.6\times 10^{-3}\ \text{sec}^{-1}\ .$$

(69) A meia-vida de 2 amostras é de 0,1 e 0,4 segundos. As suas concentrações respectivas são 200 e 50, respetivamente. Qual é a ordem da reação

(a) 0   **(b) 2**

(c) 1   (d) 4

Sol: $t_{1/2} \propto a^{1-n} \Rightarrow \dfrac{0.1}{0.4} = \dfrac{(200)^{1-n}}{(50)^{1-n}} \Rightarrow \dfrac{1}{4} = \left[\dfrac{4}{1}\right]^{1-n} = \left[\dfrac{1}{4}\right]^{n-1}$

$\Rightarrow \dfrac{1}{4^1} = \dfrac{1}{4^{n-1}} \ \therefore\ n-1 = 1 \ \ ; n = 2 \ .$

(70) Para uma reação de primeira ordem $A \to B$, a velocidade de reação a uma concentração de reagente de $0.01M$ é $2.0\times 10^{-5}\,mol\ L^{-1}s^{1}$. O período de meia-vida da reação é

(a) 220 s (b) 30 s

(c) 300 s **(d) 347 s**

Sol: $R = K[A]$

$2\times 10^{-5} = K\times 10^{-2}$

$K = 2\times 10^{-3}\ \text{sec}^{-1}$

$t_{1/2} = \dfrac{.693}{K} = \dfrac{.693}{2\times 10^{-3}} = \dfrac{693}{2} = 347\ \text{sec}$

(71) Se uma substância com meia-vida de 3 dias for levada para outro local em 12 dias. Que quantidade de substância resta agora

(a) 1/4   (b) 1/8

(c) 1/16   (d) 1/32

Sol: $T = t_{1/2}\times n$ i.e. $12 = 3\times n \Rightarrow n = 4$

$N = N_0\left(\dfrac{1}{2}\right)^n \Rightarrow \dfrac{N}{N_0} = \left(\dfrac{1}{2}\right)^4 = \dfrac{1}{16}$

(72) Para a reação $A + B \to C$, verifica-se que duplicar a concentração de *A* aumenta a velocidade de reação 4 vezes e duplicar a concentração de *B* duplica a velocidade de reação. Qual é a ordem geral da reação?

(a) 4   (b) 3/2

(c) 3   (d) 1

Sol: $A + B \to C$

Ao duplicar a concentração de A , a taxa de reação aumenta quatro vezes. Taxa $\propto [A]^2$

No entanto, ao duplicar a concentração de B , a velocidade da reação aumenta duas vezes. Taxa $\propto [B]$
Assim, a ordem geral da reação = 2 + 1= 3.

(73) 75% de uma reação de primeira ordem foi completada em 32 minutos quando é que 50% da reação foi completada
(a) 16 min.   (b) 24 min.
(c) 8 min.   (d) 4 min.

Sol: $k = \dfrac{2.303}{t} \log\left(\dfrac{a}{a-x} \right)$

$k = \dfrac{2.303}{32} \log\left(\dfrac{100}{100 - 75} \right)$ .... (i)

$k = \dfrac{2.303}{t} \log\left(\dfrac{100}{100 - 50} \right)$ .... (ii)

a partir das duas equações (i) e (ii), $t = 16$ minutos.

(74) Qual das seguintes opções está incorrecta
(a) Saponificação de $CH_3COOC_2H_5$ - Reação de segunda ordem

(b) Hidrólise de CH_3COOCH_3 - Pseudo-reação uni-molecular

(c) Decomposição de H_2O_2 - Reação de primeira ordem

(d) Combinação de H_2 e Br_2 para dar HBr - Reação de ordem zero

Sol: $H_2 + Br_2 \rightleftharpoons 2HBr$ é uma reação de ordem 1,5
ou seja, $K = [H_2][Br_2]^{1/2}$

(75) A decomposição de N_2O_5 ocorre como, $2N_2O_5 \rightarrow 4NO_2 + O_2$, e segue uma cinética de ordem I^{st} , pelo que
(a) A reação é unimolecular
(b) A reação é bimolecular
(c) $T_{1/2} \propto a^0$
(d) Nenhum destes

Capítulo 3 - Determinação da ordem de reação

❖ **Métodos para a determinação da ordem de reação**
I) Método gráfico:

Para determinação da constante de velocidade de reação para reacções de ordem zero e de primeira ordem.
Para reação de ordem zero:

$$K = \frac{[R]_0 - [R]_t}{t}$$

Para reacções de primeira ordem :

$$K = \frac{2.303}{t} \log_{10} \frac{[R]_0}{[R]_t}$$

Assim, a concentração do reagente [R]t é determinada experimentalmente em tempos diferentes (t) e os valores de K são calculados substituindo os valores experimentais na equação acima para a reação de ordem zero ou de primeira ordem e os valores de K podem ser encontrados.

Se o cálculo do valor de K for efectuado utilizando $K = \frac{[R]_0 - [R]_t}{t}$ e o valor de K permanecer quase constante, então a reação deve ser de ordem zero.

Se o valor de K for calculado colocando os valores na equação $K = \frac{2.303}{t} \log_{10} \frac{[R]_0}{[R]_t}$ os valores de K obtidos são constantes, então a reação deve ser de primeira ordem.

Desta forma, para reacções de ordem zero e de primeira ordem, o método de tentativa e erro para o cálculo de K é realizado para descobrir se K obtido é constante ou não e, a partir daí, a ordem da reação pode ser determinada.

Para além de calcular como anteriormente, pode também ser utilizado o método gráfico.
Para isso, a equação acima pode ser transformada em Y = mX + C tipo gráfico de linha reta e o gráfico pode ser traçado viz.

$$\text{Para reação de ordem zero } K = \frac{[R]_0 - [R]_t}{t}$$

Esta equação pode ser alterada para

$$Kt = [R]_0 - [R]_t \quad \text{or} \quad [R]_t = [R]_0 - Kt$$

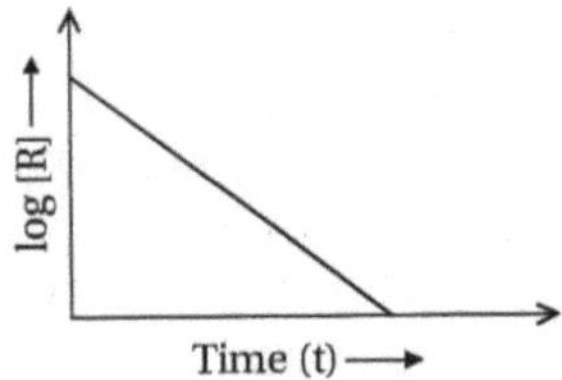

Agora, se a concentração $[R]_t$ for representada no eixo Y e o tempo (t) no eixo X e o gráfico for desenhado para os resultados experimentais, o gráfico obtido será uma linha reta, o que prova que as reacções devem ser de ordem zero.

O valor de K pode ser obtido a partir do declive e $[R]_0$ a partir do valor da interceção do gráfico.

Para reação de primeira ordem,

$$K = \frac{2.303}{t} \log_{10} \frac{[R]_0}{[R]_t}$$

Pode ser alterado como:

$$\frac{Kt}{2.303} = \log_{10}[R]_0 - \log_{10}[R]_t \quad \text{ou}$$

$$\log_{10}[R]_t = \log_{10}[R]_0 - \frac{K}{2.303}t$$

Agora, se o $\log_{10}[R]_t$ no eixo Y e o tempo (t) no eixo X forem tomados e o gráfico for traçado dos resultados experimentais, será obtida uma linha reta que prova que a reação é de primeira ordem.

O valor de K pode ser obtido a partir do declive do gráfico.

$$\text{O valor do declive} = -\frac{K}{2.303}$$

$$\text{- desleixo} \times 2.303 = K$$

e o valor de $\log_{10}[R]$ como interceção do gráfico.

II) Método de isolamento de Ostwald:

Em certas reacções há envolvimento de mais do que um reagente.

Para determinar a ordem de reação de tais reacções, Ostwald deu um método que é conhecido como método de isolamento de Ostwald.

Neste método, a concentração de outros reagentes em comparação com um reagente é tomada numa proporção muito grande.

A velocidade de reação será indicativa em relação ao reagente com menor concentração porque a concentração dos outros reagentes permanece constante.

Incluindo os termos constantes, podemos escrever a equação para a velocidade da reação.

$$\text{Taxa} = K[A]^a[B]^b[C]^c = K_0[A]^a$$

(Onde,)

$$K_0 = [B]^b[C]^c$$

Como [B] e [C] estão em grande proporção, são aceites como constantes que são incluídas em K_0.

O valor de a, que é a ordem de reação com referência a A, pode ser determinado.

Assim, a ordem da reação com referência a B e C pode ser determinada alterando (aumentando) a concentração de B e C.

III) Método da meia-vida (tempo de meia-reação):

O método da meia-vida ou do tempo de meia-reação é muito simples.

O tempo necessário para que a concentração inicial $[R]_0$ seja exatamente metade, ou seja, $\frac{1}{2}[R]_0$ é designado por período de meia-vida e pode ser determinado.

A ordem de reação pode ser obtida a partir das seguintes relações.

Para reação de ordem zero $t_{\frac{1}{2}} \propto [R]_0$

Para uma reação de primeira ordem, $t_{\frac{1}{2}}$ é independente da concentração inicial.

Para reação de segunda ordem $t_{\frac{1}{2}} \propto \dfrac{1}{[R]_0}$

Assim, para n^{th} reação de ordem $t_{\frac{1}{2}} \propto \dfrac{1}{[R]_0^{n-1}}$

Que é a equação do método da meia-vida.

❖ **Efeito da temperatura na velocidade de uma reação química :**

A constante de velocidade aumenta maioritariamente com o aumento da temperatura.

Observa-se que se o gráfico da constante de velocidade InK ou $\log_{10} K$ for traçado em função do inverso da temperatura, obtém-se uma linha reta (T = temperatura em unidades Kelvin).

Este resultado é derivado da equação de Arrhenius.

Equação de Arrhenius:

A equação de Arrhenius pode ser expressa da seguinte forma:

$$K = A.e^{-Ea/RT} \qquad ......(1)$$

Onde,   K = constante de velocidade
A = constante de Arrhenius
R = constante do gás
T = Temperatura (Absoluta)
E_a = Energia de ativação

Tomando o logaritmo da equação ....(1)

$$\ln K = \ln A - \frac{E_a}{RT} \qquad ou$$

$$\ln K = \ln A - \frac{E_a}{R} \times \frac{1}{T} \qquad ....(2)$$

Os valores da constante de velocidade K são determinados a diferentes temperaturas e é traçado um gráfico de K versus $\frac{1}{T}$. Assim, obtém-se uma linha reta.

Alterando a equação (2), esta pode ser escrita como

$$2.303 \log_{10} K = 2.303 \log_{10} A - \frac{E_a}{RT} \qquad ou$$

$$\log_{10} K = \log_{10} A - \frac{E_a}{2.303R} \times \frac{1}{T} \qquad ....(3)$$

Sendo a energia de ativação de uma reação constante, R é a constante do gás, a equação acima pode ser do tipo linear.

Assim, se for traçado um gráfico de log K versus $\frac{1}{T}$, o valor do declive será $-\frac{E_a}{2.303R}$.

Se o valor de R for tomado em K cal ou K joule, então o valor de E_a será também em K cal ou K joule.

A partir do valor da interceção, obtém-se o valor do log A e determina-se a constante A.

A equação de Arrhenius mostra que a constante de velocidade aumenta exponencialmente com a temperatura.

Suponhamos que a equação de Arrhenius mencionada anteriormente é escrita correspondendo a duas temperaturas diferentes T_1 e T_2 , então podemos escrever:

$$\ln K_1 = \ln A - \frac{E_a}{RT_1} \qquad .....(4)$$

$$\ln K_2 = \ln A - \frac{E_a}{RT_2} \qquad \dots\dots(5)$$

$$\ln K_2 - \ln K_1 = \frac{E_a}{RT_1} - \frac{E_a}{RT_2} \qquad \text{ou}$$

$$\ln \frac{K_2}{K_1} = \frac{E_a}{R}\left[\frac{1}{T_1} - \frac{1}{T_2}\right] \qquad \dots\dots(6)$$

$$\log \frac{K_2}{K_1} = \frac{E_a}{2.303\,R}\left[\frac{1}{T_1} - \frac{1}{T_2}\right] \qquad \dots\dots(7)$$

Quando o número de resultados é menor, em vez de desenhar o gráfico, os valores de e K2 podem ser determinados à temperatura experimental T_1 e T_2 e, colocando os valores na equação (7), pode obter-se o valor de E_a .

❖ **Energia do limiar :**

Se o valor de R for tomado em K cal ou K joule, então o valor de E_a será também em K cal K joule.

A partir do valor da interceção, obtém-se o valor log A e determina-se a constante A.

A equação de Arrhenius mostra que a constante de velocidade aumenta exponencialmente com a temperatura.

Para além disso, verifica-se que, ao aumentar a temperatura de 300 para 310 K, a energia cinética aumenta apenas 3%, uma vez que é proporcional à temperatura.   Além disso, para a maior parte das reacções, as taxas quase duplicaram com o aumento da temperatura em 10 K.

A explicação para este facto pode ser dada pelo facto de ter de haver uma energia de impulso ou uma energia limite necessária para a reação das moléculas no Isto é demonstrado.

É traçado o gráfico da fração de moléculas que sofrem colisão com cinéticas diferentes.

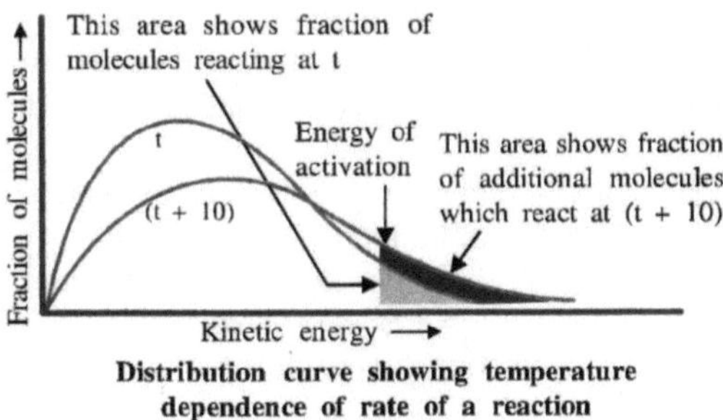

Distribution curve showing temperature dependence of rate of a reaction

Fig. (a)

É evidente que a energia cinética média aumenta como esperado, mas o número de moléculas. (fig.) (a) porção mostrada sombreada) que possui energia cinética relativa limiar.

A energia cinética (E^*) aumenta. Assim, a energia de ativação E_a e a energia cinética (E^*) podem ser demonstradas pela seguinte relação :

$$E_a = N_A . E^* \text{ em que, } N_A = \text{número de Avogadro}$$

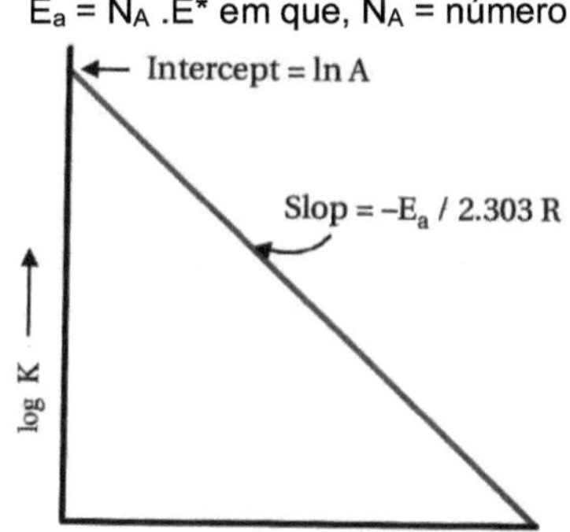

[Fig. (b) Plot between log K and 1/T]

Na equação de Arrhanius, o parâmetro A é designado por fator pré-exponencial ou fator de frequência.

E_a é designada por energia de ativação.

Estes dois factores são conhecidos como factores de Arrhenius.

Para determinar os seus valores, traça-se um gráfico de log K versus $\dfrac{1}{T}$

e, a partir dos valores do declive, pode determinar-se E_a .

❖ **Teoria da colisão :**

A teoria da colisão para reacções químicas foi desenvolvida por Max Trauz e William Lewis em 1916-1918.

Este princípio trata da questão energética e mecânica da reação.

Baseia-se na teoria de que as moléculas são esferas duras e a reação ocorre apenas quando estas moléculas colidem umas com as outras.

Numa reação química, o número de colisões por segundo e por unidade de volume é designado por frequência de colisão (Z).

Suponhamos que uma reação bimolecular é a seguinte :

$$A + B \rightarrow Produto$$

A velocidade da reação pode ser representada da seguinte forma :

$$Taxa = Z_{AB}e^{-E_a/RT} \quad ....(1)$$

Onde, Z_{AB} é a frequência de colisão dos reagentes, A e B, cuja energia é igual ou superior à energia de ativação.

Esta equação, quando comparada com a equação de Arrhenius

$K = Ae^{-E_a/RT}$, pode dizer-se que a constante de Arrhenius A está relacionada com a frequência de colisão Z_{AB} .

Os valores da constante de velocidade das reacções com espécies atómicas ou moléculas simples podem ser determinados com precisão utilizando a equação (1).

Mas há um desvio notável para as moléculas complexas.
A razão para isso é que todas as colisões não resultam em produtos.

As colisões em que as moléculas colidem com energia cinética suficiente (a que se chama energia de limiar) e na direção correcta, as ligações dos reagentes quebram-se e formam-se novas ligações, dando origem a produtos.

Estas colisões são designadas colisões efectivas ou frutuosas.

Se tomarmos como exemplo a preparação de metanol a partir de bromometano, as moléculas estão orientadas como se mostra a seguir.

As moléculas reagentes com uma orientação correcta conduzem à formação de ligações, enquanto que uma orientação incorrecta faz com que colidam mas não resultem em produtos.

$$CH_3\,Br + OH^- \rightarrow CH_3\,OH + Br^-$$

Para uma colisão eficaz, é adicionado outro parâmetro, denominado fator estérico ou fator de probabilidade, que tem em consideração a colisão na direção correcta.

$$\text{Por conseguinte, a taxa} = PZ_{AB}e^{-E_a/RT} \qquad .....(2)$$

Onde, P = fator de probabilidade

Assim, de acordo com a teoria da colisão, as combinações de energia de ativação e de colisão de moléculas na direção correcta são necessárias para uma colisão eficaz.

Assim, podemos concluir o seguinte:

(1)   A colisão entre os reagentes é essencial.

(2)   Deve existir uma certa energia mínima (energia limite) para o reagente que sofre a colisão.

(3)   A colisão das moléculas reagentes deve ser feita na direção correcta (orientações).

(4)   Os reagentes que sofrem uma colisão frutuosa são convertidos em produtos.

❖ **Complexo ativado :**

Quando as moléculas se aproximam umas das outras, as mudanças de energia que ocorrem podem ser estudadas.

Quando as moléculas se aproximam umas das outras, a distância entre elas diminui e a sua energia potencial aumenta.

Estas moléculas combinam-se umas com as outras, dando origem a uma molécula complexa de vida curta.

Possui uma energia potencial máxima. Esta molécula de vida curta é conhecida como complexo ativado.

Este complexo ativado possui ligações muito fracas.

A sua quebra deve-se ao seu movimento de oscilação. Assim, obtém-se o produto ou reagente original.

À medida que as moléculas do produto resultante se afastam umas das outras, a sua energia potencial diminui.

Pode haver duas opções para este efeito:

(1)   Se a energia potencial mínima dos reagentes for menor do que a do produto, a reação será endotérmica.

(2)   Se a energia potencial mínima dos reagentes for superior à energia potencial do produto, a reação será exotérmica.

Assim, numa reação endotérmica, a energia potencial do produto é superior à energia potencial dos reagentes.

Assim, $H_p - H_r = \Delta H$ terá um valor positivo. Na reação exotérmica, a energia potencial do produto é menor do que a energia potencial total da reação. Assim, o valor de $H_p - H_r = \Delta H$ será negativo, o que pode ser demonstrado pelas figuras (a) e (b).

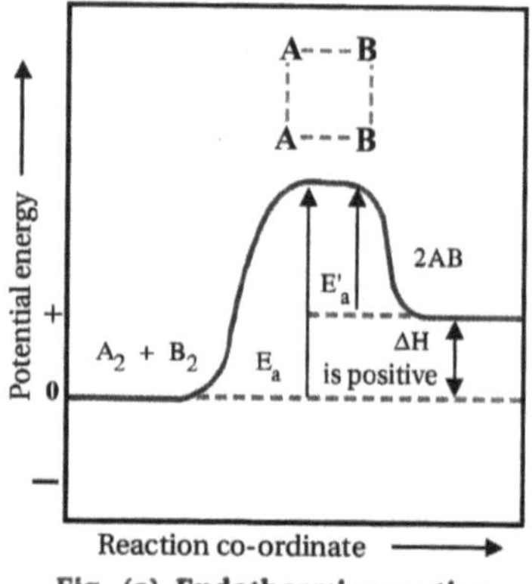

Fig. (a) Endothermic reaction

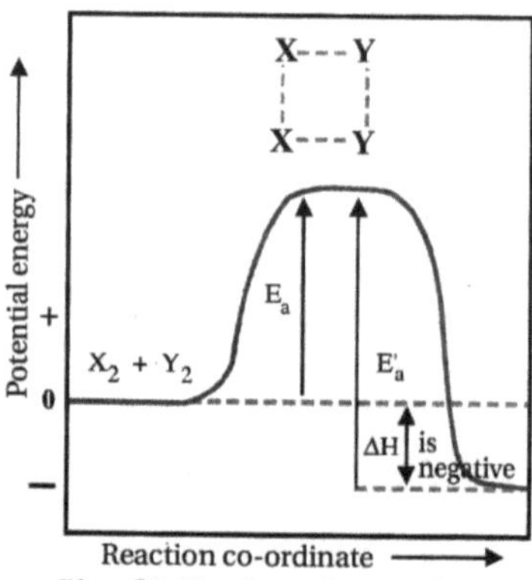

Fig. (b) Exothermic reaction

A energia de ativação é a diferença entre a energia potencial das moléculas reagentes e do complexo ativado.

Na figura acima, se a energia de ativação da reação inversa for E'_a e a energia de ativação da reação direta for E_a, então

$$\Delta H = E_a - E'_a$$

Ora, se $E_a > E'_a$ o valor de ΔH obtido será negativo e a reação será exotérmica.

Se $E_a < E'_a$ então o valor de ΔH obtido será negativo e a reação será exotérmica.

❖ **Efeito do catalisador na velocidade da reação :**

O oxigénio pode ser obtido através da decomposição do clorato de potássio ($KClO_3$) por meio de calor.

Mas como a velocidade da reação é lenta, o tempo necessário para obter oxigénio é maior, mas se for adicionado pó de dióxido de manganês (MnO_2) e depois aquecido, a decomposição torna-se rápida, pelo que se chama catalisador.

A função do catalisador é combinar-se com o reagente e formar um complexo intermédio.

Este estado de transição não se mantém durante muito tempo, pelo que se decompõe e devolve o produto e o catalisador original.

O catalisador tenta encontrar a via alternativa para que a energia de ativação diminua e a altura da barreira energética diminua e leve a reação ao resultado.

Assim, a principal função do catalisador é diminuir a energia de ativação. Este fenómeno pode ser demonstrado na figura seguinte.

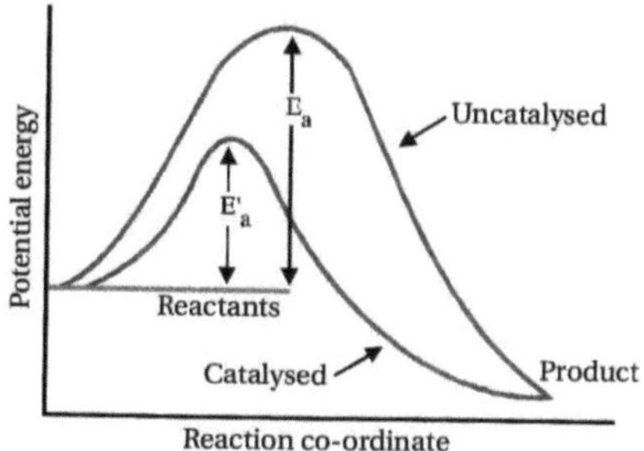

O catalisador não afecta a constante de equilíbrio (K) nem a variação da energia livre (ΔG).

É o catalisador da reação espontânea.

Assim, o catalisador tem o mesmo impacto na reação direta e na reação inversa, com o efeito de que o valor da constante de equilíbrio (K) não é alterado, mas o valor da velocidade da reação muda, com um aumento.

✚ Perguntas de escolha múltipla:

(76) Uma reação que envolve dois reagentes diferentes

(a) Nunca pode ser uma reação de segunda ordem

(b) Nunca pode ser uma reação unimolecular

(c) Nunca pode ser uma reação bimolecular

(d) Nunca pode ser uma reação de primeira ordem

(77) A decomposição térmica de um composto é de primeira ordem. Se uma amostra do composto se decompõe 50% em 120 minutos, em quanto tempo sofrerá 90% de decomposição.

[a] Cerca de 240 minutos　　　　　(b) Cerca de 480 minutos

(c) Cerca de 450 minutos　　　　　**(d) Cerca de 400 minutos**

(78) Qual das seguintes afirmações não é verdadeira de acordo com a teoria da colisão das velocidades de reação

(a) A colisão de moléculas é uma condição prévia para a ocorrência de qualquer reação

(b) Todas as colisões resultam na formação dos produtos

(c) Apenas as colisões activadas resultam na formação dos produtos

(d) As moléculas que adquiriram a energia de ativação podem colidir eficazmente

(79) A velocidade de reação a uma dada temperatura torna-se mais lenta, então
   (a) A energia livre de ativação é mais elevada
   (b) A energia livre de ativação é menor
   (c) As alterações de entropia
   (d) A concentração inicial dos reagentes permanece constante

(80) Ao aumentar a temperatura, a velocidade da reação aumenta devido a
   (a) Diminuição do número de colisões
   (b) Diminuição da energia de ativação
   (c) Diminuição do número de moléculas activadas
   (d) Aumento do número de colisões efectivas

(81) A energia mínima que uma molécula deve possuir para entrar numa colisão frutuosa é conhecida como
   (a) Energia de reação
   (b) Energia de colisão
   (c) Energia de ativação
   (d) Energia de limiar

(82) A razão para quase duplicar a velocidade da reação ao aumentar a temperatura do sistema reacional é
   (a) O valor da energia limiar aumenta
   (b) A frequência de colisão aumenta
   (c) A fração da molécula com energia igual ou superior à energia limiar aumenta
   (d)   A energia de ativação diminui

(83) A energia de ativação é dada pela fórmula
   (a) $\log \dfrac{K_2}{K_1} = \dfrac{E_a}{2.303\,R}\left[\dfrac{T_2 - T_1}{T_1 T_2}\right]$

   (b) $\log \dfrac{K_1}{K_2} = -\dfrac{E_a}{2.303\,R}\left[\dfrac{T_2 - T_1}{T_1 T_2}\right]$

   (c) $\log \dfrac{K_1}{K_2} = -\dfrac{E_a}{2.303\,R}\left[\dfrac{T_1 - T_2}{T_1 T_2}\right]$

   (d) Nenhum destes

(84) A constante de velocidade de uma reação à temperatura de 200K é 10 vezes menor do que a constante de velocidade a 400 K. Qual é a energia de ativação (E_a) da reação (R = constante dos gases)
   (a) 1842.4 R
   (b) 921.2 R

(c) 460,6 R

(d) 230,3 R

(85) A constante de velocidade duplica quando a temperatura aumenta de $27°C$ para $37°C$. A energia de ativação em kJ é

(a) 34

(b) 54

(c) 100

(d) 50

Sol:

$$\log \frac{K_2}{K_1} = \frac{E_a}{2.303\,R}\left[\frac{1}{T_1} - \frac{1}{T_2}\right]$$

Se $\frac{K_2}{K_1} = 2$

$$\log 2 = \frac{E_a}{2.303 \times 8.314}\left[\frac{1}{300} - \frac{1}{310}\right]$$

$$E_a = .3010 \times 2.303 \times 8.314 \left(\frac{300 \times 310}{10}\right)$$

$$= 53598.59 \; Jmol^{-1} = 54 \; kJ$$

(86) A constante de velocidade é dada pela equação $k = pze^{-E/RT}$. Que fator deve registar uma diminuição para que a reação se processe mais rapidamente

(a) T

(b) Z

(c) E

(d) p

Solução: Quando k aumenta, a velocidade da reação também aumenta, $k = \frac{pz}{e^{E/RT}}$ para que k aumente p, z, T devem aumentar e E deve diminuir. ($e \approx 2.7$).

(87) Considere uma reação endotérmica $X \to Y$ com as energias de ativação E_b e E_f para as reacções de retrocesso e de avanço, respetivamente, em geral

(a) $E_b < E_f$

(b) $E_b > E_f$

(c) $E_b = E_f$

(d) Não existe uma relação definida entre E_b e E_f

Sol: Para uma reação endotérmica $\Delta H = +ve$

Então, da equação $\Delta H = E_{a_{F.R.}} - E_{a_{B.R.}} ; E_{B.R.} < E_{F.R.}$

(88)   A equação dependente da temperatura pode ser escrita como

(a) $\ln k = \ln A - e^{E_a / RT}$

(b) $\ln k = \ln A + e^{E_a / RT}$

(c) $\ln k = \ln A - e^{RT / E_a}$

(d) Todas estas

Sol: Arrhenius sugeriu uma equação que descreve a constante de velocidade (K) em função da temperatura.

$K = Ae^{-E_a / RT}$

$\ln K = \ln A - e^{E_a / RT}$

(89)   A lei da velocidade diferencial para a reação

$$H_2 + I_2 \rightarrow 2HI \quad \text{é}$$

(a) $-\dfrac{d[H_2]}{dt} = -\dfrac{d[I_2]}{dt} = +\dfrac{1}{2}\dfrac{d[HI]}{dt}$

(b) $\dfrac{d[H_2]}{dt} = \dfrac{d[HI]}{dt} = \dfrac{1}{2}\dfrac{d[HI]}{dt}$

(c) $\dfrac{1}{2}\dfrac{d[H_2]}{dt} = \dfrac{1}{2}\dfrac{d[I_2]}{dt} = -\dfrac{d[HI]}{dt}$

(d) $-2\dfrac{d[H_2]}{dt} = -2\dfrac{d[I_2]}{dt} = +\dfrac{d[HI]}{dt}$

(90)   Se traçarmos um gráfico entre $\log K$ e $\dfrac{1}{T}$ através da equação de Arrhenius, o declive é

(a) $-\dfrac{E_a}{R}$

(b) $+\dfrac{E_a}{R}$

(c) $-\dfrac{E_a}{2.303\, R}$

(d) $+\dfrac{E_a}{2.303\, R}$

Sol: $\ln K = \ln - \dfrac{E_a}{RT}$ é a equação de Arrhenius. Assim, os gráficos de ln K vs 1/T darão o declive $= -E_a / RT$ ou $-E_a / 2.303\, R$.

(91)   A constante de velocidade, a energia de ativação e o parâmetro de Arrhenius de uma reação química em $25\,^{\circ}C$ são , $3.0 \times 10^{-4}\, s^{-1}$ $104.4\, kJ\, mol^{-1}$ e $6.0 \times 10^{14}\, s^{-1}$ respetivamente. O valor da constante de velocidade em $T \rightarrow \infty$ é

(a) $2.0 \times 10^{18}\, s^{-1}$

(b) $6.0 \times 10^{14}\, s^{-1}$

(c) Infinito

(d) $3.6 \times 10^{30} s^{-1}$

Sol: $T_2 = T(say), T = 25°C = 298 K,$

$E_a = 104.4 \text{ kJ } mol^{-1} = 104.4 \times 10^3 \text{ J } mol^{-1}$

$K_1 = 3 \times 10^{-4}, K_2 = ?,$

$$\log \frac{K_2}{K_1} = \frac{E_a}{2.303\,R}\left[\frac{1}{T_1} - \frac{1}{T_2}\right]$$

$$\log \frac{K_2}{3 \times 10^{-4}} = \frac{104.4 \times 10^3 \text{ J } mol^{-1}}{2.303 \times (8.314 \text{ J } k^{-1} mol^{-1})}$$

$$\left[\frac{1}{298\,K} - \frac{1}{T}\right] \text{As } T \to \infty, \frac{1}{T} \to 0$$

$$\therefore \log \frac{K_2}{3 \times 10^{-4}} = \frac{104.4 \times 10^3 \text{ J } mol^{-1}}{2.303 \times 8.314 \times 298}$$

$$\log \frac{K_2}{3 \times 10^{-4}} = 18.297, \quad \frac{K_2}{3 \times 10^{-4}} = 1.98 \times 10^{18} \quad \text{ou}$$

$$K_2 = (1.98 \times 10^{18}) \times (3 \times 10^{-4}) = 6 \times 10^{14} s^{-1}$$

(92) A dependência da temperatura da constante de velocidade (k) de uma reação química é escrita em termos da equação de Arrhenius, $K = A.e^{-E*/RT}$. A energia de ativação (E^*) da reação pode ser calculada através da representação gráfica

(a) $\log k \, vs \, \dfrac{1}{\log T}$

(b) $k \, vs \, T$

(c) $k \, vs \, \dfrac{1}{\log T}$

(d) $\log k \, vs \, \dfrac{1}{T}$

Sol: $k = Ae^{-E^0/RT} \quad \underset{y}{\log K} = \underset{c}{\log A} - \underset{mx}{E^o/RT} \therefore \log K \; Vs \; \dfrac{1}{T}$

(93) A equação da taxa integrada é $Rt = \log C_0 - \log C_t$. O gráfico da linha reta é obtido traçando

(a) $time \, v/s \, \log C_t$

(b) $\dfrac{1}{time} \, v/s \, C_t$

(c) $time \, v/s \, C_t$

(d) $\dfrac{1}{\text{time}}$ v/s $\dfrac{1}{C_t}$

Sol: É semelhante a $y = mx + c$

(94)   A reação, $X \rightarrow$ produto segue uma cinética de primeira ordem. Em 40 minutos, a concentração de X muda de 0,1 M para 0,025 M Então a velocidade da reação quando a concentração de X é 0,01 M

(a) $1.73 \times 10^{-4} M \, \text{min}^{-1}$

(b) $3.47 \times 10^{-5} M \, \text{min}^{-1}$

(c) $3.47 \times 10^{-4} M \, \text{min}^{-1}$

(d) $1.73 \times 10^{-5} M \, \text{min}^{-1}$

Sol: A concentração cairá de 0,1 M para 0,025 M em 2 meias-vidas.

$2 \times T_{1/2} = 40$ *min*

$\therefore T_{1/2} = 20$ *min*

Velocidade de reação = $K \cdot c = \dfrac{0.693}{T_{1/2}} \cdot c$

$= \dfrac{0.693}{20} \times 10^{-2} M/\text{min} = 3.47 \times 10^{-4} M/\text{min}^{-1}$

(95)   Para que ordem de reação se obtém uma linha reta ao longo do *eixo x*, traçando um gráfico entre a semi-vida $(t_{1/2})$ e a concentração inicial "a

(a) 1
(b) 2
(c) 3
(d) 0

Sol: $r = K[A]^n, \quad 100 r = K[10 A]^n$

Assim, $\dfrac{1}{100} = \left(\dfrac{1}{10}\right)^n$ ou $n = 2$

(96)   O período de meia-vida de uma reação de segunda ordem é
(A) Proporcional à concentração inicial dos reagentes
(b) Independente da concentração inicial dos reagentes
(c) Inversamente à concentração inicial dos reagentes
(d) inversamente proporcional ao quadrado da concentração inicial dos reagentes

(97)   Um grande aumento na velocidade de uma reação para um aumento de temperatura é devido a
(a) a diminuição do número de colisões

(b) O aumento do número de moléculas activadas

(c) O encurtamento do caminho livre médio

(d) Diminuição da energia de ativação

(98)   A energia de ativação de uma reação é zero. A constante de velocidade desta reação

(a) Aumenta com o aumento da temperatura

(b) Diminui com o aumento da temperatura

(c) Diminui com a diminuição da temperatura

(d) É independente da temperatura

(99)   A teoria das colisões é aplicável a

(a) Reacções de primeira ordem

(b) Reacções de ordem zero

(c) Reacções bimoleculares

(d) Reacções intra-moleculares

(100)   Uma reação com energias de ativação iguais para a reação direta e inversa tem

(a) $\Delta H = 0$

(b) $\Delta S = 0$

(c) Ordem   zero

(d) Nenhum destes

<u>Capítulo 4 - Diversos</u>

➢ **Numérico baseado no livro NCERT :**

1) O período de meia-vida do^{14} C é de 5370 lágrimas. Numa amostra de uma árvore morta, a proporção de^{14} C é de 60% em comparação com uma árvore viva. Calcule a idade da amostra.

$$t_{\frac{1}{2}} \text{ of } C^{14} = 5370 \text{ years}$$

$$\therefore K = \frac{0.693}{t_{\frac{1}{2}}} = \frac{0.693}{5370} = 1.29 \times 10^{-4} \, year^{-1}$$

Para 60% : 60% de [R]$_0$ = $= \dfrac{[R]_0 \times 60}{100}$

$$[R]_0 = 100 \text{ and } [R]_t = 60 \times \frac{[R]_0}{100}$$

$$\frac{[R]_0}{[R]_t} = \frac{[R]_0 \times 100}{60 \times [R]_0} = \frac{100}{60}$$

$$\therefore t = \frac{2.303}{k} \log \frac{[R]_0}{[R]_t}$$

$$\therefore t = \frac{2.303}{1.29 \times 10^{-4}} \log \frac{100}{60}$$

$$= \frac{2.303}{1.29 \times 10^{-4}} \log 1.667$$

$$= \frac{2.303}{1.29 \times 10^{-4}} \times 0.2219$$

$$\therefore t = 0.3962 \times 10^4 = 3962 \text{ year}$$

2) O radioativo^{90} Sr que se forma devido a uma explosão nuclear tem um período de meia-vida de 28,1 anos. No corpo de uma criança nascida nesta altura, o^{90} Sr é encontrado (10^{-6} grama), então qual será o^{90} Sr que deixará o corpo da criança quando (a) a idade da criança for 20 anos e (b) quando a idade da criança for 70 anos. (^{90} Sr não se perde de nenhuma outra forma.)

$$t_{\frac{1}{2}} \text{ of } {}^{90}sr = 28.1 \text{ year}$$

$$K = \frac{0.693}{t_{\frac{1}{2}}} = \frac{0.693}{28.1}$$

$$K = 2.466 \times 10^{-2} \, year^{-1}$$

Agora, depois de 20 após ^{90}Sr será

$$K = \frac{2.303}{t} \log \frac{[R_0]}{[R_{20}]}$$

$$\therefore 2.466 \times 10^{-2} = \frac{2.303}{20} \log \frac{1}{[R_{20}]}$$

$$\therefore \frac{20 \times 2.466 \times 10^{-2}}{2.303} = \log 1 - \log[R_{20}]$$

$$\therefore 21.42 \times 10^{-2} = 0 - \log[R_{20}]$$

$$\therefore 0.2142 = -\log[R_{20}]$$

$$\therefore \log[R_{20}] = -0.2142$$

$$\therefore [R_{20}] = \text{anti} \log(\bar{1}.7858)$$

$$\therefore [R_{20}] = 0.6106\,\mu g$$

$$\therefore [R_{20}] = 6.106 \times 10^{-7}\ gm$$

Após 70 anos, ^{90}Sr será ,

$$2.466 \times 10^{-2} = \frac{2.303}{70} \times \log 1 - \log[R_{70}]$$

$$\therefore \frac{70 \times 2.466 \times 10^{-2}}{2.303} = 0 - \log[R_{70}]$$

$$\therefore -0.7495 = \log[R_{70}]$$

$$\therefore [R_{70}] = \text{anti} \log(\bar{1}.2505)$$

$$= 0.1780\,\mu g$$

$$\therefore [R_{70}] = 1.780 \times 10^{-7}\ gm$$

3) A constante de velocidade de uma reação é 2×10^{-3} min^{-1} à temperatura de 300K. Ao aumentar a temperatura em 20 K, o seu valor passa a ser o triplo; calcule então a energia de ativação da reação. Qual será a sua constante de velocidade à temperatura de 310 K?

$$K_1 = 2 \times 10^{-3}$$

$$K_3 = 3 \times 2 \times 10^{-3} = 6 \times 10^{-3}$$

T$_1$ = 300 K

T$_2$ = 320 K

R = 1,987 Caloria.mol K^{-1-1}

$$\log \frac{K_2}{K_1} = -\frac{E_a}{2.303R}\left[\frac{1}{T_2} - \frac{1}{T_1}\right]$$

$$\therefore \log \frac{6 \times 10^{-3}}{2 \times 10^{-3}} = \frac{-E_a}{2.303(1.987)}\left(\frac{1}{320} - \frac{1}{300}\right)$$

$$\therefore \log 3 = -\frac{E_a}{4.576}\left(\frac{300-320}{320\times300}\right)$$

$$\therefore 0.4771 = \frac{-E_a}{4.576}\left(\frac{-20}{320\times300}\right)$$

$$\therefore 0.4771\times4.576 = \frac{20E_a}{320\times300}$$

$$\therefore \frac{0.4771\times4.576\times320\times300}{20} = E_a$$

$$\therefore E_a = \frac{209588.12}{20}$$

$$E_a = 10480 \text{ calorie}$$

$E_a = 10480$ e valor de K_3 a 310 K Temperatura,

$$\log\frac{K_3}{K_4} = -\frac{E_a}{2.303R}\left[\frac{1}{T_3}-\frac{1}{T_1}\right]$$

$$K_1 = 2\times10^{-3}\ \text{min}^{-1}$$

$$E_a = 10480\ \text{cal}$$

$$T_1 = 300K$$

$$T_2 = 310K$$

$$R = 1.987\ \text{cal.mol}^{-1}K^{-1}$$

$$\log\frac{K_3}{2\times10^{-3}} = \frac{-10480}{2.303\times1.987}\left[\frac{1}{310}-\frac{1}{300}\right]$$

$$\log K_3 - \log 2\times10^{-3} = \frac{-(10480)}{2.303\times1.987}\left(\frac{300-310}{300\times310}\right)$$

$$\log K_3 - (0.3010-3) = \frac{10480\times10}{2.303\times1.987\times93000}$$

$$\therefore \log K_3 + 2.6990 = \frac{104800}{425573.67}$$

$$\therefore \log K_3 + 2.6990 = 0.2462$$

$$\therefore \log K_3 = 0.2462 - 2.6990$$

$$\therefore \log K_3 = -2.4528$$

$$\therefore \log K_3 = -3+1-0.4528$$

$$\therefore \log K_3 = \bar{3}.5472$$

$$\therefore K_3 = \text{anti}\log\bar{3}.5472$$

$$\therefore K_3 = 3.526\times10^{-3}\ \text{min}^{-1}$$

4)   Na reação de decomposição do reagente A no produto, a constante de velocidade é 4.5×10^3 seg^{-1} à temperatura de 283 K e a energia de ativação

é 60 K joule mol^{-1} . A que temperatura o valor da constante de velocidade K será 3×10^{10} sec. $?^{-1}$

$$K_1 = 4.5\times10^3 \text{ sec}^{-1}$$

$$K_2 = 3\times10^{10} \text{ sec}^{-1}$$

$$T_1 = 283 \text{ K}$$

$$T_2 = ?$$

$$E_a = 60 \text{ KJ}/\text{mol}$$

$$\log\frac{K_2}{K_1} = \frac{E_a}{2.303R}\left(\frac{1}{T_1}-\frac{1}{T_2}\right)$$

$$\therefore \log\frac{3\times10^{10}}{4.5\times10^3} = \frac{60}{2.303\times1.987\times10^{-3}}\left(\frac{1}{283}-\frac{1}{T_2}\right)$$

$$\therefore \log 0.6657\times10^7 = 13111\left(\frac{1}{283}-\frac{1}{T_2}\right)$$

$$\therefore \log 6.667\times10^6 = \frac{13111}{283}-\frac{13111}{T_2}$$

$$\therefore \frac{13111}{T_2} = 46.3286-6.8239 = 39.50$$

$$\therefore \frac{13111}{T_2} = 39.50$$

$$\therefore T_2 = 331.92 \cong 332\,\text{K}$$

5)Foi efectuado o estudo da decomposição do NO_{25} preparado em CCl_4 a 318 K. No início, a concentração de NO_{25} era de 2,33 mol.lit^{-1} . Após 184 minutos, a concentração diminui e torna-se 2,08 mol.lit^{-1} . A reação ocorre da seguinte forma:

$$2NO_{25(g)} \rightarrow 4NO_{2(g)} + O_{2(g)}$$

Determinar a velocidade média da reação.

A reação ocorre como :

$$2NO_{25(g)} \rightarrow 4NO_{2(g)} + O_{2(g)}$$

$$\text{Taxa média} = \frac{1}{2}\left\{\frac{-\Delta[N_2O_5]}{\Delta t}\right\}$$

$$= -\frac{1}{2}\left\{\frac{(2.08-2.33)\,\text{mol.lit}^{-1}}{184\,\text{min}}\right\}$$

$$= 6,79\times10^{-4}\,\text{mol.lit}^{-1}\,\text{min}^{-1}$$

6) Seguem-se os resultados das três experiências realizadas para a determinação da velocidade diferencial de reação

$$2NO_{(g)} + Cl_{2(g)} \ f \ 2NOCl_{(g)}$$ a uma temperatura definida.

(1) Deduzir a lei da taxa diferencial
(2) Calcular a ordem de reação e
(3) Determinar o valor da constante de velocidade.

Não.	Concentração inicial De reagente mol.lit^{-1}		Velocidade inicial da reação $-\dfrac{d[Cl_2]}{dt}$ mol.lit^{-1} sec^{-1}
	[NÃO]	[Cl]$_2$	
1	0.01	0.02	3.50×10^{-4}
2	0.02	0.02	1.40×10^{-4}
3	0.01	0.04	7.00×10^{-4}

$$-\frac{d[Cl_2]}{dt} = K[NO]^a [Cl_2]^b$$

Colocando qualquer um dos resultados experimentais na equação :

(i) $3.50 \times 10^{-4} = K(0.01)^a (0.02)^b$

(ii) $1.40 \times 10^{-4} = K(0.02)^a (0.02)^b$

(iii) $7.00 \times 10^{-4} = K(0.01)^a (0.04)^b$

Dividir a equação (ii) pela equação (i),

$$\frac{1.40 \times 10^{-3}}{3.50 \times 10^{-4}} = \left(\frac{0.02}{0.01}\right)^a$$

$$\therefore 4 = (2)^a \qquad \therefore a = 2$$

Dividindo a equação (iii) pela equação (i),

$$\frac{7.00 \times 10^{-4}}{3.50 \times 10^{-4}} = \left(\frac{0.04}{0.02}\right)^b$$

$$\therefore 2 = (2)^b \qquad \therefore b = 1$$

$$\therefore -\frac{d[Cl_2]}{dt} = -\frac{1}{2}\frac{d[NO]}{dt} = K[NO]^2 [Cl_2]$$

$\therefore$ ordem total da reação: 1 + 2 = 3

Agora, a constante de velocidade K = $\dfrac{-\dfrac{d[Cl_2]}{dt}}{[NO]^2 [Cl_2]}$

Colocando qualquer um dos resultados experimentais na equação, o valor de K pode ser calculado.

$$K = \frac{3.50 \times 10^{-4} \ \text{mol.lit}^{-1}.\text{sec}^{-1}}{(0.01)^2 \ \text{mol}^2\text{lit}^{-2} \times 0.02 \, \text{mol}\,\text{lit}^{-1}}$$

$$= 175 \, \text{lit}^2 \text{mol}^{-2} \, \text{sec}^{-1}$$

7) A constante de velocidade de uma reação a 27^0 C é 2×10^{-3} min^{-1} . A temperatura foi aumentada em 20^0 C e o valor da constante de velocidade K aumentou três vezes. Calcule a energia de ativação da reação. Qual será o valor da constante de velocidade a 37^0 C?

O valor de K a 27^0 C é $2 \times 10^{-3} \, \text{min}^{-1}$. Se aumentarmos a temperatura em 20^0 C, será o triplo, ou seja, $3 \times 2 \times 10^{-3} = 6 \times 10^{-3} \, \text{min}^{-1}$.

Agora,

T_1 = 27 + 273 = 300 K, T_2 = 47 + 273 = 320 K,

$K_1 = 2 \times 10^{-3} \, \text{min}^{-1}$, $K_2 = 6 \times 10^{-3} \, \text{min}^{-1}$

$R = 1.987 \times 10^{-3} \, \text{Kcal}$.

Colocando os valores acima na seguinte equação,

$$\log \frac{K_2}{K_1} = \frac{E_a}{2.303R} \left(\frac{1}{T_1} - \frac{1}{T_2} \right)$$

$$\log \frac{6 \times 10^{-2}}{2 \times 10^{-2}} = \frac{E_a}{2.303 \times 1.987 \times 10^{-3}} \left(\frac{1}{300} - \frac{1}{320} \right)$$

$$\therefore \log 3 = \frac{E_a}{2.303 \times 1.987 \times 10^{-3}} \left(\frac{320 - 300}{300 \times 320} \right)$$

$$\therefore 0.4771 = \frac{E_a}{2.303 \times 1.987 \times 10^{-3}} \left(\frac{20}{300 \times 320} \right)$$

$$\therefore E_a = \frac{0.4771 \times 2.303 \times 1.987 \times 10^{-3} \times 300 \times 320}{20}$$

$$= 10.442 \, \text{Kcal}$$

Agora, queremos descobrir o valor de K a 37^0 C, então o valor de Ea = 10,442 cal pode ser usado e qualquer valor de K e T correspondente terá de ser tomado.

$$\frac{K_{37}}{2 \times 10^{-3}} = \frac{10.442}{2.303 \times 1.987 \times 10^{-3}} \log \left(\frac{310 - 300}{310 \times 300} \right)$$

$$\therefore \log K_{37} - \log 2 \times 10^{-3} = \frac{10.442 \times 10}{2.303 \times 1.987 \times 10^{-3} \times 310 \times 300}$$

$$\log K_{37} - (-2.6990) = \frac{10.442 \times 10}{2.303 \times 1.987 \times 10^{-3} \times 310 \times 300}$$

$$\log K_{37} = (-2.6990) + \frac{10.442 \times 10}{2.303 \times 1.987 \times 10^{-3} \times 310 \times 300}$$

$$= -2.6990 + 0.2453 = -2.4537$$

Mudar antes de tomar o antilogaritmo

$-2.4537 = \bar{3}.546$

$$\therefore \text{Anti} \log \bar{3}.546 = 3.518 \times 10^{-3}$$

$$\therefore K = 3.518 \times 10^{-3} \, \text{min}^{-1}$$

8) A concentração do reagente é reduzida de 0,080 M para 0,060 M, num período de 45 minutos. Qual é o tempo de meia-vida?

$$K = \frac{2.303}{t} \log \frac{C_0}{C}$$

$$= \frac{2.303}{45} \log \frac{0.080}{0.060}$$

$$= \frac{51.18}{1000} \log \frac{8}{6}$$

$$= 51.18 \times 10^{-3} \log 1.333$$

$$= 51.18 \times 10^{-3} \times 0.1248$$

$$= 51.2 \times 10^{-3} \times 0.1248$$

$$= 6.38976 \times 10^{-3}$$

$$= 6.39 \times 10^{-3} \, \text{min}^{-1}$$

$$t_{\frac{1}{2}} = \frac{0.693}{k}$$

$$= \frac{0.693}{6.39 \times 10^{-3}}$$

$$= \frac{0.693}{6.39} \times 10^{3}$$

$$= 0.1084 \times 10^{3}$$

$$\therefore t_{\frac{1}{2}} = 108.4 \, \text{min}$$

9) Prove que qualquer reação de primeira ordem é 99,9% completa e o tempo gasto é 10 vezes mais do que uma reação completa a 50%.

Suponha que a concentração do reagente no momento inicial = 100 M.

$\therefore C_0 = 1000 \, \text{M}$ e C = 100 - 99,9 = 0,1 M

$$K = \frac{2.303}{t} \log \frac{C_0}{C}$$

$$\frac{0.693}{t_{\frac{1}{2}}} = \frac{2.303}{t} \log \frac{100}{0.1} \qquad \left(Q \, K = \frac{0.693}{t_{\frac{1}{2}}} \right)$$

$$\frac{t}{t_{\frac{1}{2}}} = \frac{2.303}{0.693} \times \log\frac{100}{0.1} = 3.303 \times \log 1000$$

$$\frac{t}{t_{\frac{1}{2}}} = 3.323 \times 3 = 9.969 \cong 10$$

$$\therefore t = t_{\frac{1}{2}} \times 10$$

$\therefore$ podemos provar isso; será 10 vezes.

10) A 360^0 C, $Cl_{2(g)} + 2NO_{(g)} = 2NOCl_{(g)}$ três experiências de velocidade diferencial, depois (i) prove a lei da velocidade diferencial, (ii) dê a ordem de reação, (iii) calcule o valor da velocidade.

Ordem das experiências	Concentração constante mol/lit		Velocidade original do reagente $-\dfrac{dCl_2}{dt} = mol\,lit^{-1}.sec^{-1}$
	Cl_2	NÃO	
1	0.06	0.03	0.0054
2	0.06	0.08	0.0384
3	0.02	0.08	0.0128

Reação: $Cl_{2(g)} + 2NO_{(g)} = 2NOCl_{(g)}$

(i) velocidade:
$$-\frac{dCl_2}{dt} = K(Cl_2)^x (NO)^y$$

(1) $0.0054 = K(0.06)^x (0.03)^y$

(2) $0.0384 = K(0.06)^x (0.08)^y$

(3) $0.0128 = K(0.02)^x (0.08)^y$

(ii) Ordem de reação:
Equação (2) dividida pela equação (3)
$$\frac{0.0384}{0.0128} = \frac{K(0.06)^x (0.08)^y}{K(0.02)^x (0.08)^y}$$

$$\therefore (3)^1 = (3)^x$$

$$\therefore x = 1$$

Equação (2) dividida pela equação (1)
$$\frac{0.0384}{0.0054} = \frac{K(0.06)^x (0.08)^y}{K(0.06)^x (0.03)^y}$$

$$\therefore (7.11) = (2.67)$$

$$\therefore (2.67)^2 = (2.67)^y$$

$$\therefore y = 2$$

(i)   Valor da constante de velocidade específica:

$$K = \frac{-\dfrac{d[Cl_2]}{dt}}{[Cl_2]^x\,[NO_2]^y}$$

$$\therefore K = \frac{0.0054}{(0.06)^1\,(0.03)^2}$$

$$= \frac{0.0054}{(6\times10^{-2})(0.0009)}$$

$$= \frac{0.0054}{54\times10^{-6}}$$

$$= \frac{54\times10^{-4}}{54\times10^{-6}} = 100$$

$$\therefore K = 100\left(\frac{mole}{litre}\right)^{-2} sec^{-1}$$

11)   A decomposição do $N\,O_{25}$ dissolvido em tetracloreto de carbono ocorre do seguinte modo

$$N_2O_{5(g)} = 2NO_{2(s)} + \frac{1}{2}O_{2(g)}$$

Esta reação é de primeira ordem e a sua constante de velocidade é $5.0\times10^{-4}\,sec^{-1}$. Se a concentração inicial de $N\,O_{25}$ para esta reação for $0,30\,mole^{-1}$, então

(1) qual será a velocidade inicial da reação?

(2) qual será o período de meia-vida desta reação?

(3) quanto tempo demorará a completar 80% da reação e

(4) Qual será a concentração de $N\,O_{25}$ e NO_2 ao fim de 40 minutos após o início da reação.

(1) taxa de reação $-\dfrac{d[N_2O_5]}{dt} = KCo$

$$= 5.0\times10^{-4}\,sec^{-1}\times 0.30\,mol.lit^{-1}$$

$$= 1.5\times10^{-4}\,mol.lit^{-1}\,sec^{-1}$$

(2) Período de meia-vida $t_{\frac{1}{2}} = \dfrac{0.693}{K}$

$$= \frac{0.693}{5.0\times10^{-4}\,sec^{-1}} = 1386\,sec$$

(3) Quando a reação está 80% concluída, a concentração de permanece constante.

$$= \frac{(100-80)}{100} \times 0.30 = 6 \times 10^{-2} \, \text{mol.lit}^{-1}$$

$$K = \frac{2.303}{t} \log \frac{[R]_0}{[R]}$$

$$\therefore t = \frac{2.303}{5.0 \times 10^{-4}} \log \frac{0.30}{6 \times 10^{-2}}$$

$$= 3219 \, \text{second} = 3.219 \times 10^3 \, \text{sec}$$

(4) A concentração de N_2O_5 no final de 40 minutos:

$$= 5.0 \times 10^{-4} = \frac{2.303}{40 \times 60} \log \frac{0.30}{C}$$

$$= 0.0113 \, \text{mol.lit}^{-1} = 0.01 \, \text{mol.lit}^{-1}$$

Ao fim de 40 minutos, a concentração de N_2O_5 será reduzida em = 0,30 - 0,01 = 0,29 mol.lit^{-1} .

2 moles de N2O5 são obtidos por decomposição de 1 mole de N_2O_5 e, assim, ao fim de 40 minutos, a concentração de $NO_2 = 2 \times 0.29 = 0.58$ mol.lit^{-1} .

<u>Referências</u>

4.2   Referências:

1. R.A. Alberty, R.S. Silbey e M.G. Bawendi, Physical Chemistry, 4th edn., Willey, 2005.

2. G.M. Barrow, Physical Chemistry, 5th edn., McGraw-Hill, 1988.

3. K.L. Kapoor, Physical Chemistry, Vol. V, 3rd edn., Macmillan (India) Ltd., New Delhi, 2011.

4. Puri, Sharma e Pathania, Principles of Physical Chemistry, 48th edn., Vishal Publishing Co., 2020.

5. I. N. Levin, Physical Chemistry, 5th edn., McGraw Hill, 2001.

6. S. Glasstone, A Textbook of Physical Chemistry, Macmillan (India) Ltd., Nova Deli, 2011.

7. W. J. Moore, Physical Chemistry, 5th edn., Prentice Hall, 1972.

8. P.W. Atkins e J.de Paula, Physical Chemistry, 8th edn., Oxford University Press, 2006.

9. K. J. Laidler, Chemical Kinetics, 3rd edn., Pearson Education India, 2003.

10. NCERT, Textbook of Chemistry for Class XII, Vol. I, NCERT, 2023.

11. C.H. Bamford, C.F. Tipper e R.G. Compton (eds.), Comperhensive Chemical Kinetics, Vols., 1-38, Elsevier, 1969-2001.

Printed by Books on Demand GmbH, Norderstedt / Germany